Isabelle Lacourt

La formidable épopée invisible

AF535580

Isabelle Lacourt

La formidable épopée invisible

Éditions Muse

Imprint

Any brand names and product names mentioned in this book are subject to trademark, brand or patent protection and are trademarks or registered trademarks of their respective holders. The use of brand names, product names, common names, trade names, product descriptions etc. even without a particular marking in this work is in no way to be construed to mean that such names may be regarded as unrestricted in respect of trademark and brand protection legislation and could thus be used by anyone.

Cover image: www.ingimage.com

Publisher:
Éditions Muse
is a trademark of
Dodo Books Indian Ocean Ltd. and OmniScriptum S.R.L publishing group

120 High Road, East Finchley, London, N2 9ED, United Kingdom
Str. Armeneasca 28/1, office 1, Chisinau MD-2012, Republic of Moldova, Europe
Printed at: see last page
ISBN: 978-620-3-86709-1

Copyright © Isabelle Lacourt
Copyright © 2023 Dodo Books Indian Ocean Ltd. and OmniScriptum S.R.L publishing group

LA FORMIDABLE ÉPOPÉE INVISIBLE

Dessins d'Anne Blondel

à Jacqueline et à Julien

PRÉFACE

Décembre 2018, je reçois la vidéo de candidature d'Isabelle pour le programme Earthship Sisters Promo#1. Je perçois une femme à la fois douce et déterminée, remplie de passion pour le monde des micro-organismes dont elle ne peut s'empêcher de parler avec un large sourire devant le lac d'Aiguebelette.

Lors de l'année 2019, j'ai été témoin d'une métamorphose chez Isabelle, telle que celles que vivent les invertébrés chaque jour sur notre planète. S'ancrer dans son corps et son esprit, prendre son envol pour trouver la voie qui fait sens pour nous. L'incubation de son projet, l'accélération de son leadership environnemental et son investissement dans le collectif d'ambassadrices de l'environnement notamment lors de notre grande navigation, lui ont permis d'oser devenir une leader du monde de demain.

Étant moi aussi une femme, une scientifique, une maman, très engagée pour la protection de notre planète, je ressens comme Isabelle, l'urgence de faire tout ce qui est en notre pouvoir pour inverser la tendance destructrice qui semble pousser les humains. Mais comment faire ? Au départ, la voie scientifique m'est apparue évidente, je suis devenu chercheure spécialiste des albatros en Antarctique. Puis, à force de voir les courbes de population diminuer, et surtout les conséquences des activités humaines sur eux, pourtant à l'autre bout de la planète. J'ai, comme Isabelle, décidé de me métamorphoser en 2016 afin de tenter une nouvelle voie d'impact positif sur l'environnement.

Ce qui nous réunira toujours c'est notre envie de partager et de prôner des valeurs d'émerveillement pour la Nature couplées d'un sens aigu de l'importance de retrouver notre place dans le Vivant. Et pas en tant que prédateur ultime des ressources avec une courte vision sur les conséquences. Mais en tant qu'acteurs et actrices informés dans un monde en pleine mutation. Favoriser cette mutation dans le bon sens peut au final s'avérer être assez excitant, surtout en liant nos compétences et envies en synergie avec d'autres. La double casquette scientifique et entrepreneure, encore trop rare de nos jours, permet d'avoir les clés pour analyser, comprendre et transmettre un chemin qui peut être emprunté par tous (entourés de nos copépotes !).

Avec « La formidable épopée invisible » entre vos mains, vous tenez une arme de construction massive telle que le décrirait Mathieu Baudin de l'Institut des Futurs Souhaitables. Merci Isabelle pour ta bienveillance et ta clairvoyance.

Deborah Pardo

Scientifique, conférencière, exploratrice, entrepreneure.

Accélératrice de leadership environnemental

Présidente co-fondatrice d'Earthship Sisters

PRÉAMBULE

CHERCHEUSE DE VÉRITÉ

Nos véritables maîtres ne donnent pas de leçons. Ils ne couvrent pas le silence. Ils sécurisent nos pas incertains au départ des sentiers que nous voulons bien emprunter. Puis ils nous laissent escalader la montagne.

Naissance d'une vocation

D'aussi loin que je me souvienne, j'ai toujours été fascinée par les « microbes ». Toute petite, je voulais être pharmacienne et inventer des médicaments. Il a fallu que j'arrive au moment de l'inscription à la Fac de pharmacie, pour faire machine arrière toute sans que j'en comprenne la raison. En fait, c'est l'agriculture qui m'intriguait et cette idée me paraissait trop saugrenue pour que je la considère sérieusement. J'ai donc combattu cette attirance pendant quelques années avant d'y succomber en entrant dans une école d'agronomie.

De cette période, je garde un souvenir d'ennui avec quelques moments forts. Comme celui par exemple, où dans le grand amphi de l'école, un de nos professeurs nous assura que, avec l'avènement des biotechnologies, nous allions assurément devenir des ingénieurs comme les autres. Car nous, agronomes, n'étions pas la fine fleur de cette profession, à cause des fâcheuses interférences de la nature, qui faussait nos calculs et nos prévisions. Et bien, oui, comme nous le disaient nos professeurs, une technologie moderne nommée biotechnologie, finalement, nous tendait les bras. Ça tombait plutôt bien pour moi, vu que c'était la génétique qui me plaisait le plus. C'est pourquoi je choisis avec enthousiasme la spécialisation: « amélioration des plantes » pour ma troisième année. Entre-temps j'étais passée par un laboratoire pendant mon stage d'été et, c'était décidé, j'allais devenir chercheur.

Je bénéficiais d'une passerelle entre mon école et l'université, qui me permettait de vivre en direct ces deux approches pédagogiques pour comprendre celle qui me correspondait le plus. Un peu comme écouter de la musique en stéréo plutôt qu'en mono. Deux sons de cloches qui résonnaient de concert avec des tonalités différentes. D'une part, une approche générale qui consistait à aborder un thème de la manière pluridisciplinaire et plutôt technique, coté ingénieur, d'autre part, coté fac, une plongée approfondie et donc forcément spécifique dans les questions étudiées.

D'emblée, je choisis le camp universitaire, car j'ai tout de suite aimé le doute qui habite les chercheurs. Avec eux, les réponses simples n'existent pas, alors que, du côté des ingénieurs, il faut en permanence afficher l'assurance de maîtriser les solutions. Je ne me suis pas montrée difficile dans le choix de mes sujets de recherche. Qu'importaient les questions. J'avais confiance et je voulais zoomer à fond pour chercher des réponses. Là, pendant quelques années, j'ai vécu l'envol de la biologie moléculaire et du séquençage d'ADN, occupée à identifier, comparer, caractériser des séquences génétiques et à croire que le progrès passait par la destruction des pathogènes et par l'amélioration des espèces.

Sauvée peu à peu

Après la thèse, je continuai la recherche. Chemin faisant, je délaissai mes premières amours, des champignons-algues dénommés *Phytophthora*[1] qui habitent les sols et sont particulièrement virulents en conditions humides. *Phytophthora*, pour donner un repère, c'est la destruction des cultures de pomme de terre en Irlande en 1850, c'est la famine qui s'ensuivit; c'est aussi l'arrivée massive des Irlandais aux États-Unis... Ce prédateur frappe un peu partout dans le monde et ne se contente pas de la pomme de terre.

Du *Phytophthora* je passais ensuite à un champignon moins célèbre mais tout aussi intrigant : l'*Oidodendron*[2]. Habitué des zones de bruyères, il intéressait les chercheurs car sa capacité à supporter les métaux lourds permet de maintenir en vie des plantes et donc un couvert végétal sur des sols très pollués, atténuant ainsi les phénomènes d'érosion. Je commençais ainsi à fréquenter d'un peu plus près les micro-organismes symbiotiques, capables d'entrer en synergie avec leurs plantes hôtes pour une relation à bénéfices réciproques. Dès lors, je quittais définitivement le camp de ceux qui avaient déclaré la guerre aux micro-organismes avec pour objectif de les étudier pour mieux les détruire.

Je fis ensuite un bref passage du côté des truffes, autres champignons aux caractéristiques gastronomiques particulièrement prisées, avant que ma vie ne subisse un séisme, car je mis un terme à ma carrière universitaire, faute de concours et faute de poste. Je me familiarisais quelque temps plus tard avec la notion de développement durable, lors d'une formation en communication environnementale. C'est à cette période-là que je commençai à accepter l'idée que quitter le monde des laboratoires pouvait être une opportunité. Car les différents professeurs et intervenants qui défilèrent cette année-là et m'initièrent à ces notions, ne me parlèrent de rien d'autre, en fait, que d'un monde à construire et d'horizons nouveaux.

Un an après, nouveau séisme, positif celui-là: une conférence de Gunter Paoli et Fritjof Capra dont l'intitulé proposait de montrer comment la biologie offrait des clés de compréhension utiles à l'économie et à l'entrepreunariat. Après la (re)naissance, ce fut mon baptême. Je me souviendrai de cette conférence toute ma vie. D'abord parce que, pour la première fois, j'osais approcher un conférencier pour lui exprimer mon admiration. J'avais été littéralement transportée par l'idée que le développement durable existait déjà et qu'il n'était pas une utopie. Le fonctionnement des écosystèmes naturels le démontre avec force : utilisant une énergie entièrement renouvelable, régénérant et faisant fructifier les ressources à disposition, sans laisser de déchets. Et les humains ont la capacité de regarder, de comprendre et de s'inspirer de

---

[1] voir glossaire
[2] voir glossaire

la nature pour améliorer leurs propres activités. Ce jour-là, j'adoptai définitivement cette idée et en fis une certitude.

Quelques mois plus tard, je reçus une autre leçon magistrale d'un collègue, pionnier de l'alimentation durable. Je commençais à peine, quant à moi, à étudier les impacts environnementaux liés à la restauration collective. Alors que nous étions de passage chez lui pour une réunion de travail, il nous proposa de rester pour le déjeuner, car lors de notre discussion passionnante et passionnée, nous n'avions pas vu passer l'heure. Il improvisa un pique-nique avec un gros pain de campagne, une salade, des carottes crues et du saucisson

Nous acceptâmes l'invitation. En ce qui me concerne, par politesse et amitié. Je me rappelle avoir pensé que ce n'était pas grave, que sur le chemin nous aurions bien trouvé un endroit pour compléter ce repas qui n'en était pas vraiment un à mes yeux. Je me sentais, bien sûr, légèrement coupable des pensées à peine évoquées car je comprenais tout à fait que ce repas, basé sur des produits locaux, issus de production artisanale, entrait bien davantage dans la démarche de développement durable que celui que je me proposais de faire juste après. Mais qu'importe, je me mis à table le cœur léger, forte de mon plan B.

Il fut en réalité une expérience inoubliable.

Moi qui avais une piètre opinion des carottes, je restai bluffée par le goût de celles qui nous étaient servies. Je fus absolument conquise par la saveur gourmande qui résultait en bouche du mélange contrastant de la carotte et du saucisson. Mais ce qui me sidéra littéralement, ce fut de voir mes filles pour qui, à l'époque, manger était au mieux compliqué, au pire une torture, dévorer leur repas sans hésiter. Quand nous nous étions mis à table, je n'avais même pas osé les regarder. De toute manière, j'étais habituée à les excuser auprès de nos hôtes pour les restes qu'elles laissaient régulièrement dans leurs assiettes quand nous étions invités. Mais ce jour-là, il n'y eut pas de restes.

Il me fallut le temps d'un repas pour comprendre l'enjeu qu'il y a à bien choisir ses ingrédients. Une carotte n'est pas forcément une carotte, l'apparence et la classification mercéologique ne font pas tout. Ma manière de voir les choses changea instantanément même s'il m'a fallu ensuite des années pour adapter ma manière de vivre. Toutefois, je n'ai pas lâché et peu à peu j'évolue. Dans la foulée, j'ai aussi métabolisé l'idée que, pour délivrer efficacement et rapidement un message, il vaut mieux provoquer chez les autres un ressenti plutôt que s'adresser à leur intellect. Avec la nourriture, ce n'est pas très difficile.

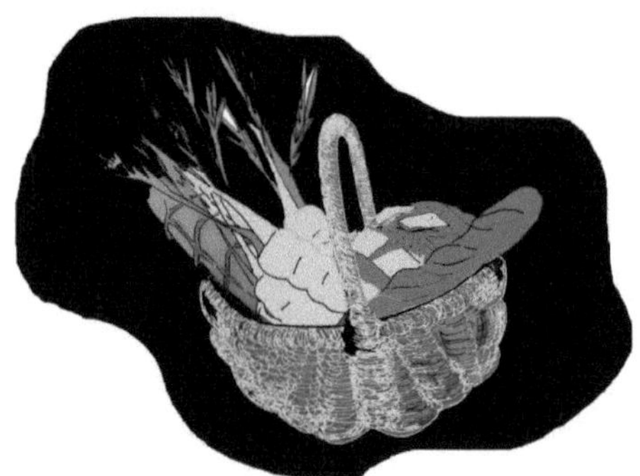

Un bon pique nique

Enfin, il y eut cette visite d'une ferme expérimentale gérée par un scientifique qui nous accueillit avec le message suivant: « *la biodiversité est à la base de toute démarche agronomique s inscrivant dans le développement durable.* » Oui, pensai-je, bien sûr ! Ce message, je l'ai entendu des dizaines de fois. Il veut à la fois tout dire et ne rien dire... Je ne m'attendais pas à le voir mis en pratique réellement. Dans un champ, ce scientifique cultivait un mix de céréales de la même espèce, présentant de légères différences génétiques au lieu d'être des clones identiques comme c'est le cas habituellement dans les champs cultivés. Ce choix présentait des avantages du point de vue de la lutte contre les pathogènes car les plantes étaient naturellement moins attaquées. Les dommages étaient tolérables. Plus besoin donc d'utiliser des pesticides. Les variétés en mélange étaient plus rustiques, sensiblement moins productives, il est vrai, mais plus robustes et moins gourmandes en eau.

Pourquoi je restais médusée ? Et bien, c'était l'exact contraire de ce que j'avais appris pendant mes années de formation. Je pensais, jusqu'à ce jour, que l'amélioration des espèces était une nécessité et que la génétique, outre le fait qu'elle nous donnait des clés de compréhension sur les mécanismes de fonctionnement cellulaire, nous permettait de créer des êtres meilleurs car plus performants. En réalité, ce travail encore appelé sélection génétique, conduisait à un appauvrissement de la diversité, avec pour résultat, à long terme, d'augmenter les problèmes que nous pensions régler... Ce qui me fit le plus réfléchir, ce fut quand cette personne nous expliqua combien son travail était surveillé, encadré et toléré le temps d'une expérimentation. Car enfin, ce champ sur lequel poussait paisiblement ce mélange de plantes, défiait les réglementations qui imposent que l'on cultive une variété unique et répertoriée, de manière à contrôler toute la transformation alimentaire, du champ à l'assiette.

Je me mis alors à penser aux agriculteurs, dépossédés de leur outil de travail, car obligés d'en passer par les variétés sélectionnées pour eux. Ce jour-là, j'enterrai définitivement tout intérêt pour les disciplines liées à la manipulation génétique, dont l'amélioration des plantes, qui avaient pourtant constitué, pendant une vingtaine d'années, un de mes centres d'intérêts principaux.

Chapitre 1

AU TOUT DÉBUT DE L'HISTOIRE

Notre planète n a pas été livrée « clés en main » à la vie qui l habite. Disons plutôt que la rendre habitable et confortable fut un travail collectif et de longue haleine.

C'est dans l'eau qu'est née la vie

Avant d'atteindre la situation de relatif équilibre qui nous est familière, la Terre a d'abord été un magma, un amas de roches en fusion, à des températures extrêmement élevées. Si les traces d'eau les plus anciennes datent de plus de 4 milliards d'années, on ne sait pas exactement quand cette dernière est apparue. Il est fort probable qu'elle a d'abord été présente sous forme de vapeurs dans l'atmosphère, vapeurs qui se sont condensées en nuages quand la planète a commencé à se refroidir. Des pluies diluviennes tombèrent alors certainement pendant des millions d'années, formant ainsi les océans. Il faudra attendre un peu, pour déceler des traces de vie : les plus anciennes datent de 3,8 milliards d'années.

Pour ce que nous en savons, la vie s'est manifestée sous forme de simples cellules sans noyau, encore appelées procaryotes[3]. Comment ces cellules sont-elles apparues sur terre? Catapultées sur notre planète dans des météorites venus de l'Univers ou bien générées à partir de la combinaison de molécules de plus en plus complexes

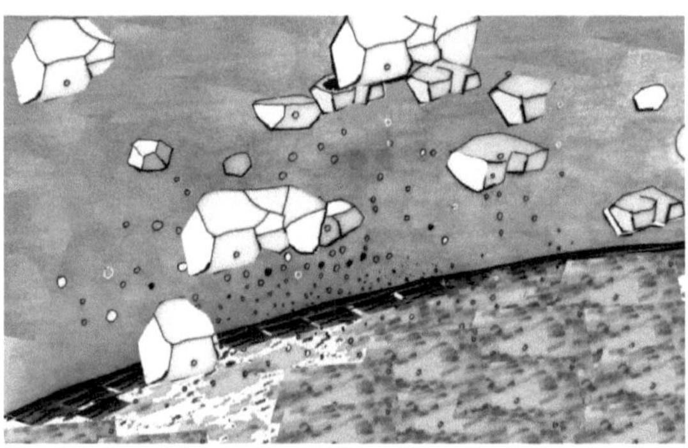

Des pluies de météorites…

La communauté scientifique discute encore ce point. Toujours est-il qu'elles ont régné de manière exclusive pendant plus de deux 22 milliards d'années. À cette époque-là, les conditions sur Terre n'avaient rien à voir avec celles que nous connaissons maintenant. Bombardée de météorites, enveloppée d'une atmosphère irrespirable, avec des océans acides et corrosifs et d'épais nuages voilant la lumière du soleil, notre

[3] voir glossaire

planète connaissait aussi une intense activité volcanique. Celle-ci n'avait pas que des effets destructeurs, car les minéraux contenus dans la roche en fusion des volcans furent relâchés dans les océans et devinrent ainsi disponibles. Telle une semence, ces minéraux ont constitué la première source alimentaire.

Dans tous les cas, parler au sens propre de Terre nourricière n'a peut-être jamais été aussi vrai qu'à cette époque-là.

Avant que la vie n'ait besoin d'oxygène

Parmi tous les signes distinctifs du monde vivant, l'ADN[4] composant nos chromosomes est l'un des plus fascinants. Avec un alphabet de 4 lettres, agencées 3 par 3, il utilise un code de quelque 64 signes communs à toutes les cellules vivantes, pour parler le même langage, quelle que soit la forme de l'organisme ou la fonction de la cellule. Et l'ADN se dédouble, se recombine et se diversifie. Si la langue est la même, le discours évolue donc, génération après génération, créant ainsi une multitude de formes d'expression.

Difficile, donc, de parler de la vie sans parler de génétique et d'évolution. Les cellules procaryotes, si rudimentaires soient-elles, possédaient, dès le départ, leur propre information génétique. Assez vite, elles se sont séparées en deux grandes familles. Les bactéries[5] que nous connaissons bien n'ont pas toujours bonne presse car elles regroupent de nombreux pathogènes, à l'origine de maladies, aussi bien chez les animaux que chez les plantes. Les archées, qui ressemblent beaucoup aux premières par leur aspect extérieur ont une information génétique bien distincte. Les archées ont longtemps été considérées comme les organismes caractéristiques des conditions de vie extrêmes. Les sources hydrothermales océaniques, les sources chaudes volcaniques ou encore les lacs salés sont leur habitat privilégié. On sait maintenant qu'elles colonisent aussi de très nombreux milieux dans le sol, l'eau de mer, les marécages, la flore intestinale. Mais n'allons pas si loin.

---

[4] voir glossaire
[5] voir glossaire

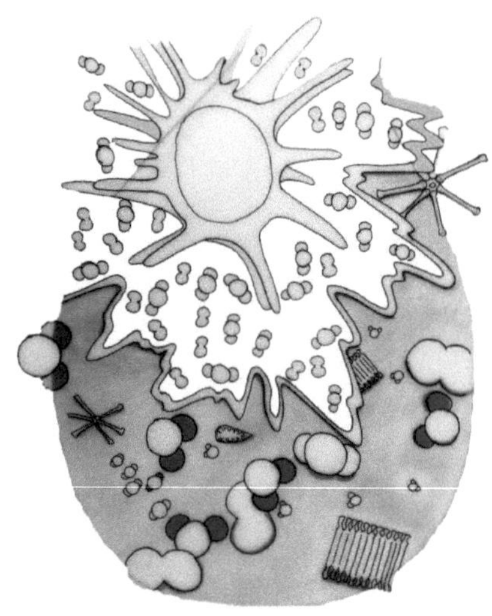

Photosynthèse!!!

Couleur, vibration et énergie : la photosynthèse

Grâce à des pigments qui réagissent à certaines des longueurs d'onde de la lumière, c'est la famille des cyanobactéries[6] qui a inauguré la photosynthèse[7] et joué un rôle fondamental dans l'histoire de notre monde. La grande machinerie génétique de ces cellules, pourtant considérées comme archaïques, avait donc déjà atteint un niveau de sophistication remarquable, tel que de permettre à ces micro-organismes de réussir l'exploit, pour vivre et se reproduire, d'utiliser l'énergie solaire en synthétisant des « sucres » à partir de composés minéraux simples, comme l'eau et le dioxyde de carbone ou CO_2. Ce faisant, elles produisirent de l'oxygène, au départ un simple déchet, mais qui allait pourtant complètement changer la destinée de la planète bleue.

Les chercheurs utilisent des marqueurs de temps sur lesquels ils raisonnent pour formuler des hypothèses sur ce qui a pu se passer au cours de ces périodes lointaines. Trois scénarios possibles sont proposés pour décrire l'augmentation de l'oxygène dans l'atmosphère pour arriver aux conditions que nous connaissons aujourd'hui, trois

[6] voir glossaire
[7] voir glossaire

scénarios possibles sont proposés. Le premier évoque une accumulation progressive pendant des centaines de millions d'années grâce aux micro-organismes photosynthétiques, réagissant avec les gaz volcaniques ou avec les minéraux de la croûte terrestre[8] et changeant peu à peu la composition chimique sur terre et dans les océans. Le deuxième, avancé par certains scientifiques, repose sur l'hypothèse d'une grande « oxydation », traduisant, après une longue période de stagnation, un basculement brusque d'une atmosphère pratiquement privée d'oxygène à notre atmosphère riche en oxygène. Le troisième s'appuie sur le fait que les marqueurs choisis pourraient aussi bien ne pas être représentatifs de la véritable échelle de temps. Dans ce cas-là et contrairement aux évidences, il est possible d'imaginer que, dès le départ, la concentration en oxygène ait augmenté très rapidement.

Le grand saut

Quoi qu'il en soit, avec une telle source d'énergie devenue disponible, il est plausible que la multiplication des procaryotes ait connu une formidable accélération par rapport à la période initiale de vie sur terre et que la colonisation des océans se soit amplifiée de manière exponentielle. Les procaryotes ont par conséquent joué un autre rôle primordial dans la création du monde tel que nous le connaissons, en produisant d'énormes quantités de biomasse[9], la même qui sert aujourd'hui de socle à la chaîne alimentaire, en particulier dans les rivières, les lacs et les océans. Cette biomasse est, par exemple, à l'origine des réserves d'énergie fossile ou de certains paysages spectaculaires, comme celui des falaises d'Étretat dont les roches calcaires proviennent de la patiente accumulation des coquilles des microscopiques coccolithes[10]. Enfin, sans cette biomasse, les sols, notre terre nourricière à nous, n'existeraient pas.

En tout cas, entre la datation des premières bactéries et l'apparition des cellules eucaryotes, plus évoluées, de plus grande taille et possédant un noyau bien délimité, il s'écoule au moins deux milliards d'années. Cette étape de l'évolution, aussi longue soit-elle, représente un véritable saut quantique, tant sont nombreuses les nouvelles possibilités de cette super cellule.

Bien que l'on n'ait pas non plus élucidé le mystère qui entoure l'apparition des cellules eucaryotes, les théories s'accordent sur un point: l'union fait la force. La fusion de différents organismes procaryotes est certainement à l'origine de la différenciation des « organes » de la cellule. C'est ainsi que l'on explique la formation des mitochondries[11], les centrales d'énergie existant dans toutes les cellules eucaryotes, dotées de leur propre ADN, présentant des similarités fortes avec l'ADN bactérien. Et la même explication est donnée pour la formation des chloroplastes[12], organes cellulaires effectuant la photosynthèse et qui, à l'origine, seraient des cyanobactéries[13]. Dernièrement, la même

[8] voir glossaire
[9] voir glossaire
[10] voir glossaire
[11] voir glossaire
[12] voir glossaire
[13] voir glossaire

hypothèse a été proposée pour expliquer la création de tous les autres organes cellulaires. Des cellules primitives qui « oublient » leur propre singularité et s'allient ensemble pour inventer le futur.

Se sont-elles adaptées face à une situation de crise qui ne leur permettait plus de survivre telles quelles ou bien ont-elles testé des voies nouvelles au gré du « hasard »?

Ce qui est sûr, c'est qu'elles ont acquis des compétences extraordinaires et inédites, comme la reproduction sexuée. Pour autant, elles n'ont pas détrôné leurs ancêtres procaryotes. Bien que rudimentaires, ces dernières n'en restent pas moins absolument indispensables à la vie sur terre aujourd'hui. Une communauté au triomphe modeste, silencieuse et invisible, versatile et omniprésente, témoin de notre passé et garante de notre avenir, vu l'ensemble des fonctions qu'elle exerce au service des écosystèmes[14].

Un petit peuple sur lequel, malgré toute la science et la technologie qu'il a développées, l'humain exerce moins de pouvoir que sur toutes les formes de vie plus évoluées, animales ou végétales, qu'il a peu à peu apprivoisées et dominées. Ce dernier aura beau fanfaronner et l'enfermer dans des bioréacteurs pour lui faire accomplir des prodiges sur commande, en contrôlant tous les paramètres possibles. Hors du laboratoire c'est une autre histoire, car toutes les autres formes de vie, y compris lui-même, sont vraiment à la merci des procaryotes.

[14] voir glossaire

Chapitre 2

LE NOUVEAU MONDE

Amalgame entre des substances dures et molles,
Co-construction entre la roche mère et la matière organique,
Synthèse féconde,
le sol a permis à la vie de s'épanouir hors des eaux.

On qualifie souvent le sol d'épiderme de la terre. L'image, belle au demeurant, est un tantinet réductrice. Alors que la peau nous enveloppe et nous délimite, telle une barrière protectrice, le sol joue plutôt un rôle nourricier, de support et d'abri. Ce milieu, ouvert et perméable, est non seulement un écosystème fascinant mais aussi un tremplin pour l'épanouissement de la vie terrestre.

À l'origine était le magma...

À l'origine étaient les roches magmatiques ou ignées, qui se sont formées par solidification, suite au refroidissement des différents magmas de la planète. En gros, les plus abondantes d'entre elles sont le granite, qui s'est plutôt solidifié en profondeur et le basalte, majoritairement d'origine volcanique, qui s'est davantage solidifié en surface, au contact de l'air ou de l'eau. La formation du sol a commencé par la transformation physique et chimique subie par les roches et c'est l'eau qui a été, et de loin, l'agent le plus important de cette transformation. L'action mécanique des précipitations, le gel et le dégel ainsi que le broyage des roches par les torrents, rivières et fleuves ont désintégré les roches en les fractionnant en particules de plus en plus petites. Les glaciers en mouvement et le vent ont été d'autres agents de transformation géologique, de moindre importance. Ces mécanismes dépassent le plus souvent notre entendement, car ils se sont produits à une échelle de temps géologique, sur des centaines de milliers d'années, voire plus. Cela peut paraître étrange que l'eau, habituellement perçue comme insaisissable et fluide, ait pu avoir une telle influence sur des éléments aussi stables que les roches. Certes la force des inondations et le spectacle de dévastation qui suit les décrues nous donne une idée de son pouvoir. Pourtant celui-ci ne s'exerce pas seulement dans la fureur des tempêtes, mais aussi dans le patient écoulement goutte à goutte. Par exemple le granite, qui symbolise l'intransigeance tant il nous semble dur et résistant, a fini par s'effriter en particules minuscules, sous l'effet de l'eau. Lors des interminables pluies torrentielles qui ont formé les océans, l'eau associée à des températures élevées a joué un double rôle, tour à tour réactif et abrasif. Petit à petit, elle a lessivé les roches des matières solubles, avec pour effet de saler les océans.

Cette lente érosion a littéralement dissous des montagnes en formant des dépôts de débris ou sédiments au fond des océans et des lacs. Ces différentes strates ont été soumises à la chaleur et à la pression, donnant ainsi naissance à de nouvelles roches qui ont subi à leur tour des poussées violentes pour devenir des massifs montagneux successivement soumis à l'érosion.

Le phénomène globalisé de brassage et de refonte des minéraux sur toute la surface terrestre et dans les océans va produire des résultats bien différents selon les lieux et les contextes, en fonction de la composition des roches, des conditions climatiques, de la forme des reliefs, de l'exposition au vent, etc. À cela s'ajoutent des déformations tectoniques, profondes et puissantes. Celles-ci provoquent localement, dans les masses rocheuses, des cassures, qui facilitent les risques d'infiltrations, mais aussi des plissements, qui font remonter certaines couches et permettent ainsi leur érosion en les exposant aux intempéries. Quant à l'homme, pourtant arrivé sur les lieux « à la dernière seconde », si l'on relativise l'échelle du temps géologique, il prend aussi une part très active à l'érosion, avec la déforestation, l'exploitation de carrières, la construction de routes, ou bien encore le remblayage.

Puis arriva l'argile...

Lors de ce grand recyclage géologique, l'altération des feldspaths, parmi les minéraux les plus abondants de la planète, va s'avérer particulièrement intéressante. Elle conduira à la formation des minéraux argileux, à la caractéristique structure lamellaire. Ainsi, on peut dire que l'argile, une roche naturelle dont les propriétés assez étonnantes vont se transmettre directement dans les sols, vient des entrailles de la terre, après maintes transformations au contact du feu, de l'eau et de l'atmosphère et une longue sédimentation. Elle s'avèrera particulièrement utile pour les humains. Dès l'aube des civilisations, jusqu'à nos sociétés ultratechnologiques, elle permet la fabrication de briques, de poteries, ou encore de tablettes d'écritures et bien d'autres choses encore, grâce à ses qualités filtrantes, dégraissantes, catalytiques, cosmétiques etc.

Cette roche tendre, immédiatement friable quand elle est sèche est dotée d'un grand pouvoir absorbant. Dans l'eau, elle gonfle et devient plastique jusqu'à ce que les particules très fines qui la composent se dispersent, en suspension. Elle est chargée négativement et retient les ions chargés positivement dont certains, en présence d'eau, vont favoriser la création d'agrégats. Ce faisant, l'argile amalgame les éléments minéraux du sol : cailloux, graviers, sables, limons, dans une structure qui reste toutefois perméable à l'eau et à l'air. On tient presque la base du sol, ce substrat que les hommes vont un jour cultiver, car l'argile ne va pas uniquement former des agrégats avec des fragments rocheux, elle va aussi se lier avec la matière organique, l'humus, donnant ce que les pédologues appellent le complexe argilo-humique.

Et enfin la vie créa l'humus...

L'humus est l'aboutissement de la transformation des différentes formes de vie présentes dans et sur le sol, au terme de leur existence. Cette transformation se fait en plusieurs étapes. Tout d'abord les débris végétaux et animaux, essentiellement constitués de substances carbonées, résidus de lignine, de cellulose et de substances azotées, vont relâcher des molécules encore relativement complexes, telles que des sucres, des tanins, des acides aminés, mais aussi des sels minéraux qui vont alimenter les cohortes de micro-organismes présents dans le sol. Ces derniers vont considérablement accélérer ce processus de dégradation, en présence d'oxygène. Ces mécanismes sont finalement tout à fait comparables à ceux de la production de compost à partir de nos déchets alimentaires et végétaux.

L'humus est lui aussi chargé négativement en surface. Tout comme l'argile, il se lie facilement avec l'eau et va contribuer à retenir cette précieuse ressource dans les sols. Mais du fait que ces deux types de particules possèdent des charges électriques de même nature, elles ne vont pas pouvoir se lier directement entre elles. C'est encore une fois la présence d'ions positifs, en l'occurrence du calcium ou du fer, qui va permettre la formation de complexes qui vont aussi se lier avec la fraction sableuse et contribuer à stabiliser la structure des sols. Il est tout à fait remarquable de constater l'effet synergique qui s'instaure entre ces différents composants. L'humus va agir contre l'effet dispersif de l'eau sur l'argile, contribuant ainsi à la stabilité du sol, alors que l'argile va protéger l'humus contre une dégradation trop poussée de la part des micro-organismes.

Sur terre, l'eau n'est jamais loin...

Il est fascinant de penser que l'eau joue un rôle majeur jusque sur la terre ferme. Sous son action prépondérante, la croûte terrestre[15] s'est remaniée et transformée. Après avoir bouleversé l'ordre cristallin des roches, elle va continuer à baigner et irriguer la vie sur terre, grâce à sa forte affinité avec les composants argileux et humiques. Les océans vont prêter aux continents une infime partie (3 %) de leur impressionnante réserve en eau. Sur les 1 400 milliards de kilomètres cubes d'eau environ que compte la planète, 97 % sont 10 constitués d'eau salée dans les océans et 3 % d'eau douce, dont les deux tiers mis en réserve dans les calottes polaires et les glaciers. Le reste – environ 1 % – est disponible sur les continents. Il est recyclé, grâce à des systèmes qui fonctionnent principalement aux énergies renouvelables. L'eau s'évapore des océans, des lacs et rivières sous l'effet de la chaleur générée par le soleil, pour retomber sur toute la surface terrestre sous forme de pluies. Stockée dans les glaciers, filtrée par les roches, enrichie en minéraux, elle s'infiltre dans les sols, s'écoule le long des cours d'eau, sur tous les continents, jusqu'à son retour vers les océans. Un tel cycle, dont l'importance est tout simplement vitale se déroule au gré des saisons, selon un rythme quasi immuable.

Ce minuscule capital mis à disposition des terres émergées ne met pas à risque les réserves globales. Il ne génère pas d'intérêts mais permet aux continents de faire fructifier leurs propres ressources tout en reversant une petite quote-part sous forme d'éléments minéraux solubilisés. Et c'est la relative stabilité des climats qui a permis que l'épargne constituée reste globalement stable. En matière d'économie circulaire, nous n'avons rien inventé et peut-être pourrions-nous nous inspirer de cet ingénieux mécanisme économique qui répartit la richesse et assure la croissance en préservant le

---

15 voir glossaire

capital vital. Mais ce cycle, si fondamental pour nos civilisations humaines, est bousculé par le réchauffement climatique, qui modifie la redistribution de l'eau si précieuse pour la vie. Il n'y a qu'à regarder la relation si intime entre l'eau et le sol pour comprendre combien la condition des êtres terrestres et en particulier leur capacité à se nourrir de manière naturelle se fragilise à cause de ces changements. Nul doute que les conséquences à court et long terme seront profondes et qu'elles se dérouleront selon des modalités dont la complexité nous dépasse, vu notre connaissance bien limitée des tenants et aboutissants.

Chapitre 3

UN CONTE DES MILLE ET UNE NUITS.

M est-il un jour arrivé d entrer dans la caverne d Ali Baba ?
Au hasard des coïncidences heureuses, les lueurs de ma frêle bougie se sont-elles reflétées sur le trésor étincelant ?
Ai-je alors été remplie de joie car je n arrivais pas à regarder partout en même temps ? Quand bien même, je suis ressortie apaisée et les mains vides car je ne pouvais emporter le trésor avec moi.

La caverne d'Ali Baba

Chercheuse avant tout

Quand j'entendis pour la première fois parler d'ADN et de code génétique sur les bancs de la Fac de sciences, tout un univers s'ouvrit à moi, avec une galaxie de signes qui ne demandaient qu'à être explorés pour livrer tous leurs secrets. Aujourd'hui, je réalise avoir ressenti la même excitation en lisant Le nom de la rose, le roman d'Umberto Eco, quand les deux héros pénètrent enfin dans la mystérieuse bibliothèque-labyrinthe, un lieu recélant toute l'information que l'on peut souhaiter pour comprendre les fondements de la vie et le monde qui nous entoure. Des pépites de savoir, mimétisées dans une jungle de livres, attendant d'être découvertes par ceux qui auraient suffisamment de patience, de ténacité et d'intelligence pour les déchiffrer et leur donner un sens. Voilà peut-être pourquoi je suis devenue chercheuse, animée d'une curiosité jamais satisfaite, planifiant sans relâche des protocoles expérimentaux, un peu à la manière du chat Sylvestre qui élaborait inlassablement des plans alambiqués pour attraper Titi, dans les dessins animés de mon enfance.

Si je devais résumer en un mot ces années, je parlerais d'émerveillement durable, dont le souvenir m'accompagne encore, bien après que j'ai quitté le monde des laboratoires de recherche. Un émerveillement qui n'a rien à voir avec les quelques succès expérimentaux qui ont émaillé mon parcours professionnel. Non, l'émerveillement venait d'ailleurs, du plaisir toujours intact, jour après jour, extraction après extraction, et ce pendant une décennie, de voir se cristalliser dans un tube eppendorf la pelote d'ADN de « mes » petits champignons et de penser à tous les mystères et explications, à la fois si proches et si inaccessibles que je tenais entre mes doigts.

Le dilemme de l'homme universel

Sans même attendre le formalisme de la démarche scientifique, l'homme s'est rapidement aperçu qu'à partir de ses observations, il pouvait trouver beaucoup de moyens, de techniques, pour améliorer sa condition de vie: une tâche noble et utile dans ses intentions. Depuis toujours, pour progresser, il apprend de ses erreurs qui vont lui révéler toujours plus de nouvelles manières de considérer les choses. Il avance pas à pas, accroché à la réalité de ce qu'il perçoit. Quand il veut aller plus loin et expliquer le monde, voire l'Univers, à travers ce qu'il observe, c'est une autre paire de manches. Il choisit de s'atteler à comprendre ce qui lui échappe et court le risque de piétiner longtemps mais aussi de recevoir des intuitions fulgurantes.

La quintessence de la recherche se goûte ainsi: un léger vertige au contact des interrogations défiant la rationalité. C'est là où l'on a parfois l'impression de côtoyer la vérité au plus près. Nourrissant le fol espoir que la réalité dépasse l'entendement, cherchant intensément des repères pour tracer un chemin, le chercheur peut avoir la sensation d'illuminer une partie du trésor. Les artistes ont la faculté de restituer ce mystère dans un langage perceptible en s'appuyant sur les émotions qu'ils suscitent en nous . Sans poésie, le scientifique est beaucoup plus démuni, prisonnier d'une vision partielle et mécanique, un peu à l'image de l'albatros de Baudelaire, empêtré à terre.

L'albatros de Baudelaire

En attendant, il continue à observer et étudier le monde qui l'entoure en tentant de décrire et de comprendre. Une tâche d'une ampleur démesurée, qui explique certainement la tentation naturelle de minimiser ce qu'il lui est difficile d'expliquer.

N'a-t-on pas qualifié un certain temps d'ADN déchet (junk DNA) les séquences chromosomiques ne codant pour aucune protéine? Le fait que ce junk DNA représente l'écrasante majorité du génome humain ne troublait aucunement ce raisonnement. Il est incroyable que, puisque personne n'était capable d'expliquer sa fonction, la communauté scientifique ait un temps accepté sans broncher la logique de ceux qui en déduisaient qu'il ne servait à rien.

C'est aussi ce qui s'est passé avec les micro-organismes qui peuplent les sols : comme ils sont difficiles à étudier, on a longtemps éludé leur importance.

Il a fallu attendre la biologie moléculaire pour véritablement commencer à lever le voile sur leur diversité. En effet, les techniques d'analyses microbiologiques précédemment employées n'avaient pas permis d'explorer ce royaume vivant car elles étaient limitées aux seuls micro-organismes qui peuvent être cultivés et isolés sur des milieux de culture, puis observés. Or, on sait maintenant, grâce aux méthodes d'amplification et de séquençage d'ADN qui ont été directement appliquées sur des échantillons de sols, que les espèces que nous sommes capables de cultiver in vitro ne représentent pas plus de un pour cent de la totalité des espèces.

Et si nous imaginions 20 vaches casées sous un hectare

Un discret fourmillement

La vie est donc une composante fondamentale des sols où elle s'abrite, prospère, évolue. Sous terre, elle est souvent privée de couleur, mais elle ne manque pas d'imagination. Il suffit de penser que, sous un hectare de sol en bonne santé, on évalue à 15 tonnes la quantité d'organismes vivants: bactéries, champignons, algues, nématodes[16], vers de terre, insectes ou encore acariens. Pour se faire une idée plus précise, ce petit peuple qui vaque à ses multiples occupations équivaut, en poids, à une vingtaine de vaches.

On s'est d'emblée focalisé sur les micro-organismes pathogènes, fauteurs de troubles, à cause des dégâts qu'ils provoquent sur les cultures, sans imaginer que nombre d'entre eux non seulement n'étaient pas nocifs mais, au contraire, bénéfiques, voire indispensables. Le mythe anxiogène du microbe synonyme de maladie et de saleté fait tellement partie de notre imaginaire collectif que les publicitaires s'en sont emparés, pour conditionner nos comportements de consommateurs aux heures de grande écoute.

Pourtant, il est émouvant de penser que les micro-organismes, nos lointains ancêtres, ceux par qui nous existons, se sont associés pour entreprendre la colonisation terrestre, et qu'avant eux, les cellules procaryotes ont fusionné, pour se dépasser et devenir des cellules eucaryotes. L'union et l'entraide, dans une réciproque solidarité et complémentarité, semblent donc être le moyen naturel que la vie a trouvé pour s'épanouir malgré les contraintes du milieu. Une feuille de route plus que judicieuse face aux défis auxquels nous sommes confrontés.

Les lichens, des pionniers surdoués

lichen
punctelia

Le début de la vie hors de l'eau n'a pas dû être faste. Rien à se mettre sous la dent mis à part des cailloux, du sable, de l'argile! Les lichens ont inauguré la vie sur les terres

[16] voir glossaire

inhospitalières en se fixant, il y a environ 500 millions d'années, sur les parties humides et ensoleillées des roches, ouvrant ainsi la voie à l'implantation successive d'espèces végétales plus exigeantes.

Longtemps jugés anodins, en raison de leur aspect modeste et de leur croissance très lente, leurs qualités sont découvertes peu à peu et n'en finissent pas d'étonner. Ils peuvent par exemple vivre très longtemps, plusieurs centaines d'années. Encore aujourd'hui, on trouve ces pionniers en conditions hostiles, extrêmes car ils sont capables de résister à la sécheresse et à des variations de température incroyables, pouvant aller de -70 à +70 °C.

Est-ce parce qu'ils doivent faire face à des situations où aucune autre forme de vie ne résiste qu'ils contiennent un grand nombre de molécules originales et uniques, possédant des propriétés antibiotiques, anti-inflammatoires, insecticides, photoprotectrices, j'en passe et des meilleures? Ils constituent en tout cas le premier exemple de symbiose qui a été décrit. Les lichens résultent en effet d'une association à bénéfice réciproque entre des microalgues ou cyanobactéries et des champignons. Ils sont faits, de manière prépondérante, de tissus fongiques (issus de champignon) et de quelques cellules végétales. C'est dire si, dans cette association, les capacités du champignon sont utiles à la survie de l'organisme. Les microalgues, réalisent la photosynthèse grâce à la chlorophylle et fournissent aux champignons la nourriture carbonée dont ils ont besoin. En échange, les champignons forment un enchevêtrement de filaments qui protège les microalgues de la sécheresse. Ils stockent également les sels minéraux apportés par le ruissellement des eaux et parfois même les solubilisent directement à partir des roches, pour vivre.

Le règne des champignons

Ni plantes ni animaux, les champignons forment un règne à part. Habitants renommés des sous-bois, on les cueille avec circonspection car, sous leur aspect inoffensif, certains d'entre eux sont vénéneux. Ils sont souvent assimilés à leur forme la plus débonnaire : un pied généralement surmonté d'un chapeau. Cette forme s'appelle en réalité carpophore.

Elle permet la reproduction sexuée et la dissémination de l'espèce, mais elle n'est que transitoire. Les champignons vivent dans le sol à l'état filamenteux, encore nommé mycélium[17], qui s'allonge, se ramifie et, dans certaines conditions, produit des spores reproductrices. C'est la forme propre aux moisissures qui éveillent en nous beaucoup moins d'empathie que les carpophores. Nous les connaissons pour envahir les surfaces obscures et humides ou bien pourrir les fruits et légumes trop mûrs. Pour clore ce portrait brièvement esquissé, il faut rappeler qu'ils occupent une place historique dans la transformation alimentaire: pain, bière, fromage, vin... voilà des aliments qui n'existeraient pas sans la participation active des champignons. L'industrie pharmaceutique leur doit aussi beaucoup, avec la production des premiers antibiotiques, dont le plus célèbre est certainement la pénicilline, utilisée depuis l'après-guerre pour soigner de graves pathologies humaines causées par des bactéries.

À la différence des plantes, les champignons ne possèdent pas de chlorophylle et ne réalisent pas la photosynthèse. Alors que les animaux vont se déplacer et développer tout un tas de stratagèmes pour se saisir de leur proie et manger, les champignons eux, vont se nourrir, en déversant des enzymes[18] qui vont décomposer activement la matière organique avec laquelle ils entrent en contact. C'est pour cela qu'ils jouent un rôle essentiel dans le sol, en participant au recyclage des atomes du vivant: le Carbone, l'Azote, le Soufre, le Phosphore. On appelle saprotrophes, ceux qui transforment ainsi la matière organique morte et qui vont participer, avec les bactéries, les vers et les insectes, à la décomposition de ce qui fut vivant et à la production d'humus.

D'autres provoquent des lésions grâce à l'action des enzymes et peuvent pénétrer dans les tissus végétaux des plantes vivantes, malgré les mécanismes de défense que ces dernières mettent en œuvre. Dans certains cas, ils colonisent les plantes pour s'en repaître et les épuisent jusqu'à la mort. Mais il peut également s'établir une symbiose entre plantes et champignons avec un échange réciproque de bons procédés, comme dans le cas du lichen. Le champignon se nourrira des sucres synthétisés par la plante et, en échange, celle-ci recevra une protection accrue contre l'attaque d'autres organismes pathogènes, contre la sécheresse, ou encore aura un meilleur accès aux sels minéraux présents dans le sol et bien d'autres bénéfices encore…

[17] voir glossaire
[18] voir glossaire

Tous pour un, un pour tous…

Nous entendons davantage parler des champignons parasites et de leurs dégâts. Il faut dire que l'homme et son entêtement à faire des cultures intensives dans un milieu ouvert ont le don de rendre ces derniers particulièrement spectaculaires. Mais les attaques de pathogènes sont en réalité bien occasionnelles, alors que pratiquement toutes les plantes vivant sur un sol en bonne santé entretiennent naturellement d'excellentes relations durables avec les champignons symbiotiques.

Car en effet, si la symbiose a débuté il y a un demi-milliard d'années, avec le lichen aux superpouvoirs qui s'est lancé à la conquête des terres, il ne faut pas croire que, par la suite, les plantes se sont débrouillées toutes seules en se passant des champignons. Les symbioses plantes champignons concernent plus de 95 % des plantes terrestres et ce depuis des millions d'années.

95 %, ça fait beaucoup. Cela veut dire que les végétaux qui poussent, parmi lesquels les plantes agricoles et horticoles, sont un peu comme la face visible de l'iceberg, la face cachée se trouvant sous terre... En cultivant des plantes, vous faites donc bien plus que vous ne pensez. Vous contribuez à développer toute une vie souterraine d'une grande complexité, où il n'est pas aisé de démêler qui a le plus besoin de l'autre.

L'association qui résulte de la symbiose entre une plante et un champignon porte un nom. Elle s'appelle mycorhize. Quand la plante s'unit ainsi au champignon de manière intime, c'est tout un cortège de micro-organismes qui profite des noces et vit dans le sillage, créant ainsi un microcosme dense de vie. Car, si les champignons ont de grandes facilités pour pénétrer les racines et fusionner avec elles, ils ne seront pas les seuls acteurs de ces synergies. Les plantes qui poussent dans le sol reçoivent l'aide d'un nombre considérable de micro-organismes formant des communautés qui fonctionnent en synergie avec les végétaux. C'est ainsi que la plante est étroitement reliée au sol. Les pieds ancrés dans la terre mère, connectée à un réseau plein de vitalité, elle se déploie vers le ciel et capte la lumière.

Le mouvement n'est pas seulement tourné vers le ciel. À travers une matrice multisensorielle et multidimensionnelle, les plantes communiquent entre elles. Par voie aérienne, grâce aux couleurs, aux odeurs, les animaux vont servir de transmetteurs. On découvre aujourd'hui que la communication est également souterraine. Les filaments mycéliens d'un même champignon peuvent relier plusieurs plantes entre elles. Des informations, sous forme de « signaux moléculaires », sont par exemple transmises entre des arbres distants, à travers ces réseaux de mycéliums. La « forêt » est donc ainsi, de ce point de vue, un continuum unissant ensemble une myriade d'organismes vivants fonctionnant sur des rythmes très diversifiés où les champignons jouent un rôle de transmetteurs grâce à leur structure filamenteuse.

Des arbres plus connectés qu'on ne le pense

Les mycorhizes et l'agriculture : retour au sol

Mes dernières incursions dans une activité de recherche furent par procuration. Je venais de trouver du travail dans une entreprise spécialisée en biorémédiation[19] des sols. Cette technique consiste à dépolluer les sols en utilisant des mécanismes naturels. Les micro-organismes sont particulièrement utiles dans ce contexte, par exemple pour réduire la concentration d'hydrocarbures[20]. Nous échangions fréquemment avec un entrepreneur travaillant dans des locaux voisins, dont l'activité consistait à produire des fertilisants à base de mycorhizes. Je le revois, un jour, passer la tête dans la porte entrebâillée pour me lancer : « Isabelle, les mycorhizes et les PCBs, qu'est-ce que tu en penses ? ». Ce sigle de trois lettres, recouvrant le nom barbare de polychlorobiphényles, désigne des composés chimiques composant une famille de 209 molécules dont l'utilisation est aujourd'hui bannie, mais qui perdurent dans l'environnement et en particulier dans les sols, car ils étaient massivement utilisés avant 1970 et très appréciés pour leurs qualités de stabilité. Cancérigènes, perturbateurs endocriniens[21], ils sont dangereux pour la santé et se concentrent malheureusement dans la chaîne alimentaire, en particulier dans les matières

[19] voir glossaire
[20] voir glossaire
[21] voir glossaire

grasses des animaux élevés sur des sites, ou bien encore nourris avec des aliments eux-mêmes contaminés.

Je me lançais aussitôt dans une recherche bibliographique et, à ma grande surprise, je commençais à sortir une kyrielle de papiers sur l'argument, décrivant l'action bénéfique de champignons mycorhiziens pour la dégradation de telles substances dans le sol. Qu'à cela ne tienne, nous avons écrit un projet européen qui a été financé dans la foulée.

Ce collègue n'en finissait pas de vanter les mérites de ses produits et les capacités des mycorhizes. Il nous donnait toujours des exemples selon lesquels ses fertilisants influaient sur l'appétence des plantes. Les vaches préféraient son maïs plutôt que celui qui n'avait pas poussé avec son fertilisant, le basilic cultivé sur un sol enrichi avec des mycorhizes avait plus d'arôme... À force de l'écouter, je me pris à rêver à de nouvelles pistes de recherche. Et si le champignon, localisé au niveau du système racinaire, prenait les commandes, en quelque sorte, pour inciter les plantes à produire différemment?

Quelques années plus tard, j'ai écrit un projet, lui aussi financé, qui a permis d'explorer une telle hypothèse, sur la tomate. Les expérimentations étaient conduites par une étudiante, puis, durant les années qui suivirent, par une équipe pluridisciplinaire qui a réussi à obtenir des 1 résultats intéressants et inédits allant dans ce sens. Ces chercheurs ont en effet montré que des différences existaient dans les tomates des pieds cultivés en présence du champignon symbiotique. Ainsi, à distance, depuis les racines, le champignon envoyait des signaux qui conditionnaient le développement des fruits. L'équipe en conclut[22] que la présence du champignon dans les racines avait un effet sur le métabolisme du fruit sans toutefois pouvoir préciser lequel.

L'année suivante, une autre équipe poussa la recherche un peu plus loin[23]. Elle démontra non seulement que les fruits contenaient plus de minéraux, mais aussi plus de pigments et d'antioxydants. Les auteurs concluaient alors en suggérant le fort potentiel des champignons symbiotiques pour des récoltes répondant mieux, qualitativement et quantitativement, aux besoins nutritionnels des populations.

Ces travaux ouvraient une voie de recherche prometteuse visant à prouver qu'une agriculture qui respecte le sol et en particulier n'éradique pas sa population microbienne à grands coups de chimie mortifère, donne une production qualitativement différente. En poussant plus loin l'hypothèse, on peut proposer une explication au fait qu'une plante, cultivée dans un environnement microbien différent de celui d'origine,

[22] From root to fruit: RNA-Seq analysis shows that arbuscular mycorrhizal symbiosis 29 may affect tomato fruit metabolism, Inès Zouari†, Alessandra Salvioli†, Matteo Chialva, 30 Mara Novero, Laura Miozzi, Gian Carlo Tenore, Paolo Bagnaresi and Paola Bonfante; †Contributed equally ; BMC Genomics (2014) 15 : 221 ; DOI : 10.1186/1471-2164-15-221.

[23] Inoculation with arbuscular mycorrhizal fungi improves the nutritional value of tomatoes, Miranda Hart, David L. Ehret, Angelika Krumbein, Connie Leung, Susan Murch, Christina Turi, Philipp Franken, Mycorrhiza (2015) 25 : 359 ; doi : 10.1007/s00572-014-0617-0.

ne donnera pas forcément des fruits identiques. Pour certains types de productions très axées sur l'importance des composés aromatiques comme par exemple le vin, non seulement la nature physico-chimique du sol mais également la composition des populations de micro-organismes de ce même sol pourraient bien jouer un rôle déterminant…

De plus en plus, l'industrie alimentaire se rapproche de l'industrie pharmaceutique en proposant des aliments fonctionnels, enrichis en vitamines et antioxydants qu'elle met à l'honneur à grand renfort de publicité, et nous les présente comme des nouveautés tout droit sorties de laboratoires de recherche et développement. Il faut prendre conscience que les plantes poussant sur un sol en bonne santé en font tout autant, naturellement, sans surcoût, sans dépense supérieure d'énergie et avec une meilleure productivité, grâce à l'appui discret et déterminant des mycorhizes. Prennent alors tout leur sens les fameuses paroles d'Hippocrate: «Laisse que ta nourriture soit ta médecine... » Dans un tel tableau, un potager bio est un trésor de bienfaits à la portée de tous. C'est un espace où l'homme sait plus que jamais qu'il n'est pas seul à travailler pour obtenir sa récolte.

Chapitre 4

AU PAYS DES LILLIPUTIENS

Ouvrir les yeux sur l invisible...et réaliser que le socle de la pyramide alimentaire planétaire est une réalité impalpable et pratiquement hors de portée et de contrôle...

C'est grâce à l'enseignant-chercheur et conférencier Pierre Mollo que je me suis intéressée au plancton. Au passage, il m'a aussi appris à me projeter loin derrière dans le temps, pour prendre la mesure des choses. Je peux bien confesser aujourd'hui que j'y suis allée à reculons. De la nourriture pour baleine, voilà ce que ce terme évoquait pour moi et je ne ressentais ni le désir ni le besoin d'en savoir plus. Il a fallu un voyage en Chine et d'interminables périples en bus pour que je prête finalement une oreille à ces récits. Avec lui, c'était donnant-donnant. Pour une histoire sur « son » plancton, je lui en racontais une sur « mes » champignons et cela pendant 10 jours. Nous n'avons pas tardé à nous rejoindre sur plusieurs points : alimentation, écologie, recherche participative etc. Puis il y eu sa conférence à Pékin au terme du séjour. Moi, la terrienne, obnubilée par les habitants des sols, j'étais définitivement acquise à la cause du petit peuple de la mer...

Avec sa gueule de métèque...

Divaguant, errant, instable, les termes ne manquent pas pour traduire le terme grec plagkton qui est à l'origine du mot plancton. Il fut choisi par le zoologiste allemand Victor Hensen, au milieu du XIXe siècle. L'intention était de trouver un mot pour décrire des organismes aquatiques partageant la caractéristique de vivre passivement en suspension dans l'eau. C'est en effet la particularité de ce grand groupe fourre-tout. Les organismes planctoniques ne sont pas définis selon des critères phylogénétiques[24], basés sur la parenté génétique ou d'après la taxonomie des espèces, comme c'est le cas pour la plupart des organismes vivants.

Peut-on dire qu'ils sont définis à partir de leur niche écologique ? Oui, d'une certaine manière, si l'on considère la définition de cette appellation: «niche écologique», qui décrit un ensemble de conditions environnementales permettant à une espèce donnée de former des populations viables. Mais quand on parle de plancton, il ne s'agit pas d'une espèce. De plus l'appellation : « un ensemble de conditions environnementales » concerne des milieux aussi divers que les mers et les océans, les lacs, les rivières, les mares et jusqu'à la moindre goutte interstitielle.

Pas de maison, pas d'attache, pas d'objectif perceptible ni d'identité bien précise... des organismes inaptes à lutter contre le courant, mais capables de flotter, emportés au gré des mouvements des eaux sans qu'ils ne semblent aucunement décider de leur sort... C'est comme cela que nous les avons perçus quand nous avons voulu les décrire,

[24] voir glossaire

certainement en opposition aux animaux aquatiques capables de nager ou bien aux organismes fixés sur des roches ou dans le sable, comme les coquillages ou les algues.

Quel que soit le type d'organisme vivant considéré sur la planète, si on remonte le fil de son évolution, on va tomber sur du plancton, tout simplement parce que la vie sur terre est née dans l'eau. Ainsi, on peut dire que le plancton est l'ancêtre commun de tous les êtres vivants de la planète Terre. C'est pourquoi il n'est pas si erroné, au fond, de trouver indifféremment dans ce groupe à la fois des procaryotes et des eucaryotes[25], des végétaux et des animaux. Il y a aussi du plancton permanent et du plancton temporaire, puisque certains organismes resteront « plancton » toute leur vie alors que d'autres, en évoluant vers des formes plus abouties, par exemple de poissons ou de crustacés, ne le resteront que le temps de leur enfance.

En rang par taille !

Avec les progrès de la science, il fallait bien mettre un peu d'ordre dans ce grand groupe hétérogène. Bien que les lacunes sur les connaissances biologiques de base soient énormes, par exemple sur les cycles de reproduction et de développement, ou bien sur les interactions avec les autres organismes vivants, les scientifiques se sont attelés à classer ultérieurement les organismes qui le composent. Au final et malgré la complexité, le critère de taille qu'ils ont utilisé correspond à une compartimentation écologique assez cohérente. En dessous de 0,2 micromètre, on parle de femtoplancton ou viroplancton[26]. Ces virus aquatiques ont traversé plusieurs ères géologiques et on a daté certaines populations du précambrien, c'est-à-dire il y a plus de 500 millions d'années, par exemple dans le lac Baïkal en Sibérie. Ils interagissent avec les populations bactériennes. Modificateurs de contenu génétique, ils vont être des agents actifs de la diversité des peuplements bactériens, avec toutes les conséquences que cela peut entraîner sur le développement de nouvelles capacités et sur les mécanismes d'évolution qui en découleront. Ils vont aussi jouer un rôle dans la nutrition de ces populations et donc sur la chaîne alimentaire et le recyclage des nutriments et de l'énergie. Ainsi, malgré leur taille infime, ils sont à la base de la pyramide qui soutient la vie en milieu aquatique.

---

[25] voir glossaire

[26] Viruses in aquatic ecosystems. A review [1997] Sime Ngando, T.

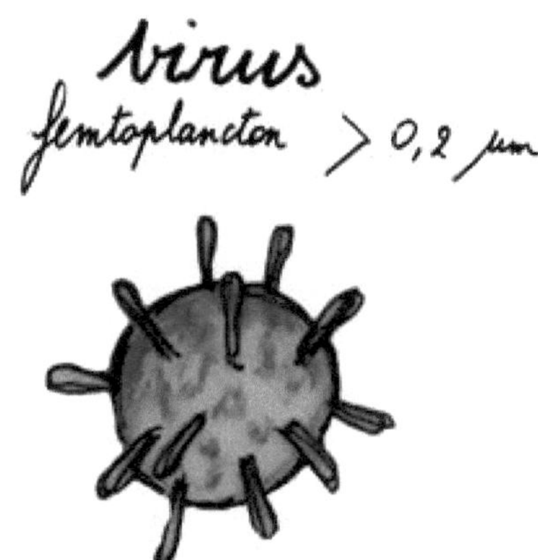

Entre 0,2 et 2 micromètres, on parle de picoplancton. Ce dernier englobe le bactérioplancton, composé de bactéries, mais aussi des organismes les plus petits appartenant au phytoplancton. C'est dans cette classe de taille que l'on va trouver bon nombre de cyanobactéries, c'est-à-dire les premiers organismes à avoir réalisé la photosynthèse et produit de l'oxygène. Comme nous l'avons vu précédemment, ce sont elles qui se sont lancées à la conquête des continents avec la collaboration de champignons. Là encore, c'est dire le rôle capital joué par ces formes de vie dans notre histoire.

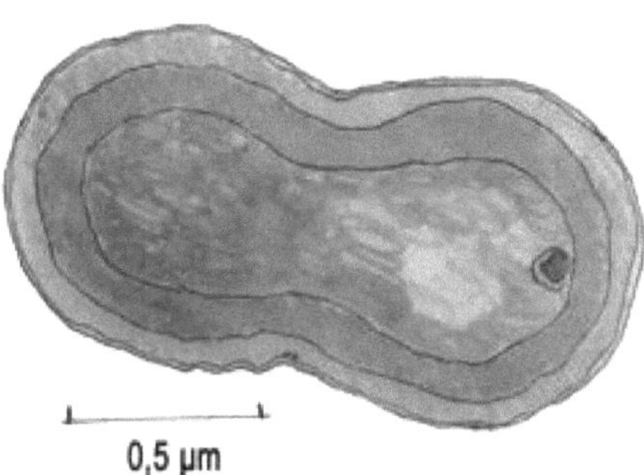

Entre 2 et 20 micromètres et 20 et 200 micromètres il s'agit respectivement de nanoplancton et microplancton. Dans ces deux classes, se retrouvent l'ensemble du plancton végétal, encore appelé phytoplancton, mais aussi les formes les plus petites de plancton animal, ou zooplancton. De manière schématique, on peut dire que le plancton végétal servira de nourriture au plancton animal qui est généralement plus gros. Il y a aussi du nanoplancton et microplancton animal, qui comprend des êtres unicellulaires qui s'agrègent parfois en colonies. Ces micro-organismes sont, avec le phytoplancton, une source de nourriture importante pour les animaux de plus grande taille.

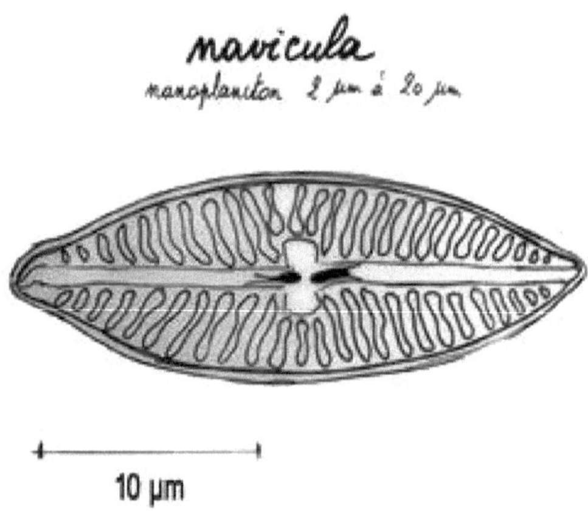

Au-delà de 200 micromètres (soit 0,2 millimètre), on parlera de mésoplancton, de macroplancton et de megaplancton. Dans ce groupe vont rentrer toutes les larves de poissons et de coquillages, mais aussi celles des crustacés, comme les crabes, écrevisses, homards, langoustes etc. ainsi que les méduses qui, même à l'âge adulte, entrent dans la définition du plancton, car elles se laissent porter par les courants sans nager.

Les poumons de la planète

Les plantes sont prépondérantes sur les continents qu'elles ont apprivoisés et occupés grâce à la coopération avec les micro-organismes. Peu à peu, elles ont créé un écosystème dans lequel les animaux ont trouvé leur place et surtout leur oxygène et leur nourriture. Les forêts tropicales représentent l'expression la plus évidente de cette présence végétale et le cri d'alarme poussé par la communauté scientifique contre la destruction de la forêt amazonienne, considérée comme un important poumon de la planète, retentit haut et fort depuis des décennies maintenant, sans que d'ailleurs cela ne règle vraiment le problème.

Dans l'eau, les écosystèmes ne sont pas organisés comme sur terre. Les espaces sont certes immenses et horizontalement bien plus décloisonnés, mais les rayons solaires ne pénètrent qu'une couche très superficielle des océans, cantonnant ainsi l'essentiel des organismes vivants dans les espaces éclairés. En effet, si les eaux peu profondes sont plus chaudes et relativement bien oxygénées, dans les eaux plus profondes en revanche, la température chute brutalement, l'obscurité s'installe et la vie se raréfie.

La lumière ne fait pas tout. Car pour fabriquer de la biomasse, les minéraux sont essentiels. Sur terre, ils sont présents dans les sols. Dans les océans, la situation est différente. Ainsi les écosystèmes côtiers à proximité des continents bénéficient d'apports d'eau douce riches en éléments nutritifs. Par exemple, les rivières en se jetant dans la mer vont entraîner une grande quantité de minéraux. Par conséquent, les zones côtières, les abords des estuaires sont naturellement des oasis propices à la vie.

Les minéraux sont également présents au fond des eaux et restent piégés dans les couches d'eau profondes et plus froides car la différence de température entre les couches d'eau superficielles et profondes empêche celles-ci de se mélanger. En hiver cette différence s'estompe, ce qui permet des mouvements d'eau et la remontée des minéraux vers la surface. Au retour de la belle saison, les températures augmenteront à nouveau et les couches d'eau superficielles seront séparées des couches plus profondes mais elles auront été régénérées avec l'apport de minéraux qui s'est effectué lors du brassage hivernal. Ces phénomènes vont influencer la vie aquatique: grâce à la présence de minéraux, le développement des végétaux pourra repartir de plus belle.

Ainsi la vie végétale va fleurir dans l'eau. Comme nous l'avons vu plus haut, elle sera particulièrement visible dans la partie dite « continentale » des mers. Les franges côtières foisonnent d'une vie extraordinairement riche, abondamment décrite dans la littérature et dans de nombreux documentaires qui nous ont familiarisés depuis des décennies avec un spectacle visuel de toute beauté et des milieux florissants où poussent les algues et vivent toutes sortes d'animaux aquatiques. Il y a aussi toutes les zones où la terre et la mer se rencontrent, comme les estuaires par exemple, et encore toutes celles qui n'appartiennent ni à la mer ni à la terre car elles sont sujettes aux marées. Les algues y règnent, colonisant les vases et les sables, ainsi que toute une végétation très originale, capable de vivre en eau douce et salée.

Une forêt microscopique dans les océans

Il ne faut pas croire pour autant que les parties centrales des grands bassins océaniques soient dépeuplées. Certes, la profondeur de l'eau explique l'absence de toute forme de vie fixée sur un support comme peuvent l'être les fonds sableux ou bien les rochers au bord des rives. Les seuls organismes végétaux capables de se développer au cœur des mers sont majoritairement constitués par les plus petits organismes de phytoplancton. Ce « picoplancton », (de taille inférieure à 2 ou 3 micromètres), va former ce que l'on peut considérer comme un véritable couvert végétal, une sorte de « forêt microscopique

» qui va assurer à elle seule une production d'oxygène considérable au moins aussi importante que celle des majestueuses forêts tropicales.

Une forêt dans une goutte d'eau

Nous connaissons très peu de choses sur cette forêt microscopique. Il faut dire à notre décharge qu'il est vraiment très compliqué d'aller étudier ces formes de vie, difficilement observables, voire invisibles au microscope optique, qui peuvent vivre jusqu'à 200 mètres de profondeur! Conscient de l'importance de ces populations, l'homme les espionne depuis le ciel. En utilisant des satellites dont les capteurs sont capables de suivre la concentration en chlorophylle dans les eaux de surface, il réussit à détecter la présence de groupes dominants de phytoplancton et leur distribution spatiotemporelle à l'échelle du globe.

Quand notre survie dépend de l'inconnu

Les scientifiques[27] pensent que l'un d'entre eux, nommé *Prochlorococcus*, pourrait représenter le végétal le plus représenté en nombre d'individus sur la planète. Découverte à la fin des années 70, cette cyanobactérie est le plus petit organisme photosynthétique connu: sa taille est comprise entre 0,5 et 0,7 µm. On la trouve dans toutes les mers du quarantième parallèle de l'hémisphère nord au au quarantième parallèle de l'hémisphère sud. Capable de vivre dans des eaux très pauvres en nutriments, elle règne généralement avec une autre cyanobactérie appelée *Synechococcus*. Cette dernière vit plus ou moins sous les mêmes latitudes, à des

[27] F. Partensky, 1, W. R. Hess, and D. Vaulot. Prochlorococcus, a Marine Photosynthetic 32 Prokaryote of Global Significance. Microbiol Mol Biol Rev. 1999 Mar ; 63(1): 106–127.

profondeurs moindres que *Prochlorococcus*, mais elle est capable de supporter des eaux plus froides.

Pour n'évoquer que ces deux-là, *Synechococcus* est moins abondante que *Prochlorococcus*, mais on parle quand même de concentrations atteignant cent mille à un million de cellules par millilitre. Quand on sait par ailleurs que ces micro-organismes se multiplient une fois par jour, on peut imaginer sans peine avec quelle rapidité les populations croissent et peuvent également s'effondrer si les conditions se dégradent. De là à tenter d'évaluer quelle peut être la quantité totale de ces micro-organismes contenue dans les océans, il y a de quoi avoir le vertige. Sans elles pourtant, il y a fort à parier que la vie sur terre devrait se réinventer de fond en comble avec, à la clé, une sérieuse pénurie de nourriture et d'oxygène et une nécessité d'intense résilience. Heureusement pour nous, il en existe de très nombreuses variantes, ce qui leur permet de s'adapter facilement à des conditions changeantes. Cette pensée fait d'ailleurs froid dans le dos, car avec les graves pollutions que nous infligeons aux océans, nous créons indéniablement sur ces formes de vie une pression, dont nous ne savons pas vraiment mesurer les effets.

Les micro-organismes réussissent le plus souvent à se frayer un chemin au milieu des difficultés. Aucune tâche ne leur semble insurmontable. Il faut dire que leur horizon de vie s'étale sur des milliards d'années. Mais la solution qu'ils trouveront éventuellement pour ramener l'équilibre sur la planète, en cas de modification majeure et globale des écosystèmes, nous conviendra-t-elle toujours ? Alors qu'il devient clair que nos conditions de vie semblent de plus en plus menacées par une crise environnementale qui s'accentue inexorablement, posons-nous la question.

Si l'histoire doit recommencer, le fera-t-elle dans une direction différente, ou aboutira-t-elle nécessairement à la naissance de l'être humain ? Quelle est notre place dans le chaos que nous accélérons seconde après seconde ? Allons-nous rester complices ou spectateurs impuissants ?

Heureusement, nous réalisons que c'est notre responsabilité, vis à vis de nos enfants, de gérer le monde, « *en répondant aux besoins du présent sans compromettre la capacité des générations futures à répondre aux leurs* »[28].

Certes je suis d'accord avec cette idée, mais j'aime à penser que nous sommes équipés pour être un peu plus que des simples gardiens du trésor. Je caresse l'idée que nos gestes bienveillants, si petits soient-ils, ne sont pas insignifiants. J'espère qu'ils alimentent un élan qui nous dépasse, une dynamique qui prend le relais du présent et le sublime, pour continuer à ouvrir des perspectives nouvelles et radicales à la vie sous ses multiples formes. Ce qu'ont fait, et continuent à faire, à leur manière, les micro-organismes, ces êtres primitifs qui ont démarré l'aventure de la Vie sur Terre…

[28] Inspiré de la citation de Mme Gro Harlem Brundtland, Premier Ministre norvégien (1987) pour définir le développement durable.

Chapitre 5

À L'ÉCOLE DE LA VIE

Piégée dans la nostalgie d un passé filtré et figé, je me surprends parfois à penser qu'à la lucidité, je préfère l illusion perdue de ma confortable ignorance.

Plonger en nous-mêmes et affronter nos propres contradictions

Que nous nous érigions en défenseurs ou en destructeurs de la nature, nous nous considérons pratiquement toujours prioritaires par rapport aux autres êtres vivants. Certes, nous possédons une conscience qui nous permet de penser individuellement. Si ce pouvoir s'est incontestablement avéré très puissant pour apprivoiser et dans certains cas asservir la nature, il confère des responsabilités et suscite en chacun et dans les communautés humaines des questions qui peuvent s'avérer angoissantes et s'alourdir de génération en génération. Réalisons sans trop attendre que nous avons beaucoup à perdre en restant sur un piédestal qui nous coupe des équilibres qui nous ont permis de naître et assurent notre survie.

Les principales avancées sérieusement envisagées par la civilisation dominante actuelle sont intimement liées aux prouesses technologiques. Dans la pensée courante, renoncer à la technique semble une régression irresponsable vis-à-vis des générations futures qui attendent de nous un monde meilleur. Fort heureusement, la réflexion sur le développement durable, associant l'approche environnementale et éthique à celle de l'économie, nous a progressivement ouverts à la pertinence d'établir un dialogue entre différents acteurs. Elle met en œuvre des processus collaboratifs, participatifs, pluridisciplinaires faisant appel à l'intelligence collective. C'est déjà en soi un progrès important.

Bâton de pèlerin

Si nous croyons en quelque chose, nous devons agir pour que notre voix couvre le bruit de fond, s'exprimait James Beard[29], en parlant de nourriture. Celui qui fut un des premiers chefs cuisiniers américains à relier la qualité d'un repas au rythme des saisons et aux fermiers qui produisent les ingrédients, croyait déjà en l'éducation et l'inspiration des cuisiniers pour faire évoluer le système alimentaire. Il avait bien raison! Qui mieux que ces faiseurs d'histoires gourmandes, ces troubadours talentueux du goût, peuvent être ambassadeurs de la Vie sous de multiples formes en composant nos assiettes?

---

[29] Né en 1903 à Portland (États-Unis) James Beard fut un chef cuisinier particulièrement populaire populaire qui a écrit des livres et animé des émissions de télévision sur la cuisine et la gastronomie.

Dans un registre plus scientifique, que peut faire un humain lucide, conscient de l'imminent danger qui découle de notre méconnaissance des écosystèmes marins ? Et bien par exemple, il peut sortir de sa goutte d'eau et ouvrir des observatoires du plancton, pour que tout le monde puisse avoir envie de comprendre et de savoir...

La transmission des savoirs est d'autant plus transformatrice qu'elle est expérientielle. Observer et expérimenter, apprendre dans un contexte de bienveillance qui favorise la créativité, c'est cela que j'ai appris à l'école du plancton[30].

À l'école du plancton

Animée par des passionnés, accueillant tout public, c'est avant tout un lieu d'expériences qui met les connaissances les plus avancées à la portée de tous dans un langage simple et ludique. Sans chercher à culpabiliser, le pari fou de cette école est de miser sur une approche scientifique qui décrypte la nature en même temps que naît chez les participants une émotion suscitée par la beauté ou l'étrangeté des formes normalement invisibles à l'œil nu. Ainsi passe un message clair, encapsulé dans une expérience plaisante, sur la fragilité et l'importance des trésors aquatiques cachés et la nécessité de changer nos comportements.

Dans ses activités, cette école mêle sciences naturelles et arts plastiques, réunit petits et grands autour de microscopes, accueille le grand public et les artistes, inspirés par les multiples formes de cette vie aquatique insoupçonnée. Elle organise des ateliers de

[30] L'observatoire du plancton -www.observatoire-plancton.fr.

sciences participatives et va jusqu'à impliquer les nombreux plaisanciers en leur apprenant à prélever du plancton et à faire des observations qualitatives. Ainsi ces derniers peuvent apporter une contribution significative aux scientifiques, grâce à la production de données précieuses et tout à fait inespérées. Elle fait aussi simplement rêver avec des images venant des quatre coins du monde.

Quelle meilleure recette en cas de coup de blues ! Mettez sous une lamelle une goutte d'eau que vous prélevez dans un ruisseau, dans un lac, ou bien au bord de la mer, et observez la danse endiablée des copépodes à la loupe binoculaire. Ces minuscules crustacés vont se faire un plaisir de se donner en spectacle sous vos yeux, virevoltant, fonçant d'un bout à l'autre du champ d'observation en faisant de brusques virages et des pirouettes. Ils font le bonheur des tout-petits qui peuvent passer ainsi des heures à les observer.

Pierre Mollo, alias Pierre le magicien, nous l'avait joué en grand un jour, lors de l'une de ses formations sur le plancton. Nous étions allés à la pêche le matin au bord d'un étang et nous avions fait connaissance avec ces petits êtres en les observant tout l'après-midi. Le soir, il avait invité son ami compositeur Antonio[31] à improviser de la musique au piano sous la seule inspiration des images du ballet amoureux des copépodes. Témoins de leur union, puis de l'éclosion des œufs, nous observions les minuscules êtres qui reprenaient, dès leur naissance, l'infatigable ballet de leurs parents. Rarement il m'a été donné de voir la nature dans une telle intimité et un tel dévoilement de profonde vitalité. Ultérieurement révélée par le langage musical, ces images sont allées réveiller une force émotionnelle puissante qui m'anime toujours alors que j'écris ces lignes, des années après.

Mes copépotes :)

[31] Antonio Santana, pianiste, compositeur travaille depuis deux ans avec Pierre Mollo à la 30 création d'une suite symphonique dédiée à la mer, des abysses jusqu'aux eaux claires, avec 31 la collaboration d'Océanopolis et de l'Observatoire du plancton.

Particulièrement nombreux, les copépodes mesurent de un à quelques millimètres et représentent plus de 60 % de la biomasse zooplanctonique, faisant de cet animal le plus abondant de la planète. Ainsi, dans une eau en bonne santé, ils ne peuvent manquer. Les copépodes produits chaque année pèsent 40 milliards de tonnes, très loin devant nos quelques 260 millions de tonnes de production mondiale de viande. Ces minuscules crustacés, parmi les plus primitifs, se retrouvent dans tous les milieux aquatiques, des étangs aux océans.

Il existerait plus de 14000 espèces de copépodes dont la grande majorité sont marines. Tels les cyclopes, ils ont un œil unique. Ils possèdent de longues antennes et deux drôles de petites pattes postérieures en forme de rames, couvertes de soies. Certains sont des parasites. D'autres se nourrissent généralement de micro-organismes aquatiques. On trouve dans ce groupe aussi bien des herbivores que des carnivores qui mangeront le cas échéant du plancton animal ou végétal, de très petite taille. Mais il n'y a pas vraiment de règles et certains adoptent un régime mixte omnivore.

Quoi qu'il en soit, ils tirent leur nourriture de la minuscule biomasse abondante et diffuse qui resterait inaccessible pour les animaux aquatiques de plus grande taille. Dans certains cas, ils jouent un rôle important de régulation, en se nourrissant de populations dont le développement excessif provoquerait une forte consommation d'oxygène et conduirait ainsi à l'asphyxie de certains milieux. Ils contribuent ainsi à l'équilibre écologique de nombreux écosystèmes en occupant une position clé dans la chaîne alimentaire. C'est en effet la nourriture de base pour de nombreuses espèces de poissons, de crevettes ou de méduses. À ce titre, ils influencent l'économie de la pêche car leur disparition condamne à la famine tous leurs prédateurs dont certains sont des espèces prisées par les hommes. Très sensibles à la pollution chimique, ils peuvent aussi être utilisés comme bio-indicateurs pour mesurer la qualité de l'eau.

Quand le panier à provisions se perce

En 2016, les résultats d'une étude[32] menée entre 2012 et 2015, en Méditerranée, sont sortis et ont conclu que la réduction des populations d'anchois et de sardines était très certainement due à la disparition de leur nourriture, constituée de plancton. Ce n'est pas le nombre des petits poissons bleus qui diminuait de manière spectaculaire depuis des décennies, mais plutôt leur taille et dans le cas de la sardine, la plus touchée par ce phénomène, on assistait aussi à la réduction drastique des individus plus âgés. La pêche n'était plus rentable car les nouvelles populations rachitiques n'intéressaient plus du tout les conserveries qui allaient s'approvisionner ailleurs. Par exemple, en 10 ans, la

[32] Communiqué de presse du projet http://www2.cnrs.fr/sites/communique/fichier/ecopelgolvf.pdf.

pêche avait chuté dans le golfe du Lion, de 12000 à 600 tonnes par an. Et ce phénomène concernait aussi les côtes catalanes.

Un panier à provisions qui se perce

Les chercheurs franco-espagnols, intrigués par cette évolution atypique des bancs de poissons, ont procédé par élimination en examinant toutes les causes possibles, les unes après les autres. Non ce n'était pas la surpêche qui causait ce désastre économique pour les pêcheurs. Le nombre de prédateurs n'avait pas non plus augmenté dans ces zones côtières pour expliquer la disparition sélective des plus gros exemplaires. D'ailleurs et fort heureusement, les prédateurs continuaient à se nourrir de sardines et d'anchois, indifférents à la taille de leurs proies, en ne prélevant que 1 à 2 % des populations. Et ces dernières n'étaient pas non plus malades au point d'incriminer un pathogène qui les aurait décimées.

L'unique raison envisageable était un déficit énergétique durable, qui causait un changement physiologique chez les poissons en manque de leur source principale d'alimentation: le plancton. Mourant plus jeunes et n'atteignant plus l'âge adulte, la taille des individus baissait et ils se reproduisaient de plus en plus tôt, pour ne pas disparaître malgré tout. L'étude concluait donc sur la nécessité de déterminer ce qui avait pu entraîner les changements du plancton, les causes les plus probables étant à rechercher dans des changements environnementaux dont la liste faisait état, sans trancher, entre la température de la mer, le débit du Rhône, les changements de régimes des vents, ou encore la pollution.

Main dans la main

Lors d'un atelier que nous avions organisé en 2009 pour parler de pêche durable, j'avais été frappée par la similarité des problèmes touchant les petits agriculteurs et les pêcheurs artisanaux, face à l'emprise croissante des systèmes de production industrialisés: – disparition des productions familiales et vivrières, – difficultés d'accès au marché de plus en plus globalisé, en raison de la complexité des réglementations et de la fluctuation des prix sans lien avec les coûts de production et la juste rémunération du temps de travail, – difficulté à faire reconnaître la différence dans la qualité de production par les gros acheteurs et la recherche de débouchés commerciaux en circuits courts pour s'en sortir malgré tout. Je compris plus tard que ce parallèle conceptuel ne rendait compte que partiellement des relations existant entre ces travailleurs de la mer et ceux de la terre. Non seulement ils luttent pour survivre dans une économie de marché de plus en plus globalisée pour les raisons énoncées ci-dessus, mais ils sont aussi en prise directe avec la nature, dont ils tirent leur production. Or ces milieux naturels sont tous interconnectés entre eux. En particulier, le réseau des cours d'eau crée des liens de cause à effet qui expliquent pourquoi ces différentes professions du vivant ont tout intérêt à nouer des liens de solidarité et de partage des savoirs pour un bénéfice mutuel et réciproque. Rares sont, toutefois, les lieux qui leur permettent de dialoguer.

Histoire d'une ferme qui évolua pour répondre aux questions de son temps

La ferme de Kerlavic fut un de ces lieux pendant quelques années. Cette exploitation agricole, située aux portes de Quimper, en Bretagne, pratique sur 85 hectares la polyculture-élevage. D'abord ferme expérimentale dédiée à l'étude et à l'amélioration de la productivité des systèmes d'élevage, elle a connu une première évolution en focalisant son travail expérimental sur la qualité de l'eau, en relation avec la présence de nitrates et de pesticides. Quelques années plus tard, elle a encore muté en appuyant sa double ouverture sur l'agriculture et l'environnement et en troquant sa mission de centre de recherche expérimentale pour celle d'un espace de rencontre, de pédagogie et de dialogue, ouvert à la population, aux représentants politiques, aux producteurs et à la société civile. Cette évolution a permis à ces différentes personnes de mieux se connaître et de partager leurs visions respectives, dans un lieu où la production agricole restait au cœur de l'activité et où il était donc possible de faire des observations, des évaluations et d'échanger sur les réalités concrètes.

La ferme de Kerlavic a ainsi conservé les objectifs et les contraintes de production d'une exploitation classique, avec la nécessité de rémunérer le travail et donc d'être rentable. Ce faisant, elle est aussi devenue un support de démonstration pour que les visiteurs puissent avoir un autre regard sur l'activité de production en lien avec l'environnement direct de l'exploitation. Au lieu de regarder les vaches ou bien les champs cultivés, l'attention du public était portée sur « l'envers du décor » : la flore, la faune et la vie microbienne des sols et de l'eau, à proximité des parcelles, dans les haies, les talus et les fonds de vallons. Pendant quelques années, naturalistes et techniciens agricoles se sont confrontés à cette biodiversité sous les yeux du public et l'ont décryptée pour poser un diagnostic, ausculter la ferme et déceler des déséquilibres, d'éventuelles pathologies, voire la possibilité de contagion des problématiques vers les territoires limitrophes et même plus lointains.

Les pêcheurs du coin, eux, sont formels. Dans l'estuaire de l'Odet, du nom de la rivière qui traverse Quimper avant de se jeter dans la mer, la dernière vraie récolte d'huîtres a eu lieu vers la fin des années soixante. Elle fut phénoménale à les en croire. Peu de temps après, l'activité déclinait pour s'arrêter ensuite de façon assez brutale. Depuis, plus rien, plus une huître. Il a donc fallu se pencher sur la qualité des eaux dans l'estuaire et remonter jusqu'à la source, située dans les zones humides en amont pour tenter de comprendre ce qui n'allait pas.

C'est ainsi qu'à Kerlavic, on s'est souvenu qu'il y avait une zone humide sur la ferme, à l'origine de deux petits ruisseaux devenant affluents de l'Odet. Longtemps considéré comme un espace inutile car inutilisable, ce petit recoin de l'exploitation avait toutefois été conservé, bénéficiant d'une opportune indifférence de la part des responsables du site. Véritable chaudron magique de la biodiversité, dans lequel les micro-organismes jouent un rôle prépondérant, il a depuis retrouvé toute sa place au cœur du dispositif.

Autour de lui, les hommes se sont rassemblés et penchés sur le devenir de leur territoire, de la terre à la mer, car ce point névralgique est maintenant considéré pour ce qu'il est, un organe vital pour le maintien en bonne santé de la ferme, au même titre que les haies ou les talus. Il symbolise l'espoir, en quelque sorte, de concilier l'agriculture humaine avec une nature vivante et équilibrée. En ce qui concerne la qualité de l'eau par exemple, au-delà du diagnostic posé grâce aux analyses chimiques décelant un déséquilibre, l'observation du plancton est un bon indicateur. On peut vérifier en aval que les micro-organismes suivent bien les cours d'eau, arrivent en bon état dans l'estuaire pour nourrir, par exemple, les larves d'huîtres. Il est donc possible d'expliquer aux pêcheurs d'où peuvent venir certains problèmes et de donner de meilleures perspectives à leur activité.

Aujourd'hui Kerlavic a réduit la voilure.

Peut-être a-t-il semblé une utopie trop coûteuse à la société? J'ai lu il y a quelque temps sur un mur à Genève un graffiti qui exprimait peu ou prou la chose suivante : « Si tu trouves que c'est trop cher d'investir dans la culture, attends de voir quel sera le prix à payer pour l'inculture. » En attendant, du côté de Quimper, parce qu'on a pris conscience et expliqué que les activités humaines pratiquées sur les territoires situés en amont pouvaient influencer les activités des pêcheurs, ces derniers ont retrouvé espoir. Ils sèment des huîtres dans l'estuaire et rêvent qu'elles trouveront des conditions de vie acceptables et de quoi manger, pour qu'on les déguste à nouveau en abondance, comme le signe retrouvé d'un territoire vivant et sain.

Chapitre 6

FACE À LA MONTAGNE

Se libérer de l angoisse de trouver un compromis, découlant d un parfait raisonnement...Permettre à la joie de jaillir et de nous cueillir par surprise, là où on n osait plus l attendre.

Gavés de technologies

Il nous paraît aujourd'hui bien difficile de nous fier à la Nature, ne serait-ce que pour nous nourrir. Au fur et à mesure de notre compréhension grandissante du monde qui nous entoure, obsédés par l'idée du manque, nous avons imaginé que nous pouvions faire mieux qu'elle et surtout davantage. Au cours des dernières décennies, cette idée appliquée à l'agriculture s'est avérée affligeante, même si à l'origine, les méthodes intensives ont certainement été pensées avec de bonnes intentions, pour maximiser les récoltes, éviter les famines, simplifier et alléger le travail des agriculteurs face aux différents aléas.

Nous sommes allés très loin dans notre quête de rendement. En repoussant toujours plus loin les limites de la connaissance, nous avons joué aux apprentis sorciers et nous sommes entrés en conflit croissant avec une complexité qui nous dépasse. Aujourd'hui, nous réalisons que notre emprise génère une profonde crise environnementale et se retourne contre nous-mêmes. Climat, biodiversité, ressources limitées, pollution: plusieurs voyants clignotent en rouge et nous contraignent à chercher des moyens pour adapter les technologies humaines afin de les rendre moins invasives ce qui, traduit en d'autres termes, équivaut à réduire les impacts sur l'environnement.

Agriculture et écologie

Dès 1928[33], les agronomes ont commencé à réfléchir à la possibilité d'appliquer à l'agriculture les connaissances en matière d'écologie. Cette approche agro-écologique est toutefois restée confidentielle jusqu'aux années 80, quand les dommages de l'agriculture intensive ont commencé à apparaître de manière évidente et que la réintégration de pratiques agricoles et de méthodes culturales, un temps remisées aux oubliettes, a repris tout son sens. Certains ont aussi parlé d'agriculture régénérative, un terme vraiment intéressant pour une approche holistique qui traduit un processus visant à la restauration de la santé des sols, de la ressource hydrique, du bien-être et des relations entre les êtres humains et plus largement entre tout ce qui vit. En France, Pierre Rabhi, a été l'un des pionniers de l'agroécologie, militant pour la plus large accessibilité de ce qu'il a joliment appelé les « patrimoines nourriciers », fondés sur des pratiques agricoles respectueuses de la vie des paysans et des mangeurs.

---

[33] Basil Bensin, agronome américain d'origine russe, a utilisé ce terme pour la première fois.

Ces dernières années, l'agriculture biologique prend son envol et soulève un intérêt croissant auprès de la population grâce au message d'une production alimentaire qui exclut les pesticides et les engrais chimiques au bénéfice de la santé des hommes et de la nature. Si les concepts d'agriculture biologique et agroécologie se confondent dans le respect de l'environnement au sens large et dans l'exigence de changements de pratiques, ils ne sont pas totalement superposables. L'agriculture biologique a un label facilement reconnaissable par les consommateurs. Il n'en va pas de même pour l'agroécologie. Sans étiquette ni cahier des charges, cette dernière démarche est difficile à commercialiser.

Ce n'est pas le seul défi qui attend les « agro-écoloculteurs ».

Revenir sur les pratiques de l'agriculture intensive n'est pas chose aisée et ceux qui se sont engagés dans cette voie se sont confrontés, parfois dans le doute et la solitude, à de nombreuses difficultés, comme celles qui sont liées, par exemple, à la décision de renoncer à la facilité d'un traitement avec des pesticides pour prévenir des attaques de pathogènes et sauver une récolte. Quant à la réintégration des pratiques de rotation des cultures, élément clé de la démarche, c'est souvent un véritable casse-tête, car elle nécessite des mises en culture qui ne correspondent pas aux besoins des acheteurs et qui compliquent ainsi la gestion économique de la ferme. Il faut avoir la patience d'attendre de longues années pour observer des résultats tangibles, car les processus de régénération des écosystèmes ne sont pas immédiats.

Finalement reconnectés avec nous-mêmes

Il y a plus. Appliquer les principes de l'agroécologie est une démarche holistique et collective qui doit être pensée à l'échelle des territoires et non à celle des parcelles ou des fermes individuelles, pour des résultats significatifs. La gestion de l'eau ou la dynamique des populations de ravageurs dépassent de loin le périmètre d'une exploitation et concernent des territoires plus vastes. Pratiquer chez soi une agriculture écologique ne garantit pas d'être exempt des conséquences d'une agriculture moins vertueuse pratiquée par ses voisins. Au final, alors que l'agriculture intensive a contribué à isoler les agriculteurs en mettant à leur disposition un kit pour gérer leur exploitation et résoudre leurs problèmes individuellement, l'agroécologie les reconnecte dans une logique de solidarité, dans les bons et aussi dans les mauvais jours.

Avec la permaculture, deux Australiens[34] sont allés plus loin dans cette réflexion en décrivant, dès la moitié des années soixante-dix, un système intégré et évolutif basé sur des principes écologiques et sur une série d'aptitudes et de modes de vie pour réapprendre à consommer en symbiose avec la planète. Comme dans le cas de l'agroécologie, on y retrouve la volonté d'utiliser des mécanismes naturels pour produire ce qui nous est nécessaire, sans gaspiller, réduire ou polluer les ressources. On y retrouve aussi la vision d'un monde interconnecté où les petits changements à

[34] Bill Mollison et David Holmgren

l'échelle locale s'intègrent dans une vision globale et conduisent à un mouvement qui a maintenant pris une ampleur planétaire.

La permaculture séduit tous ceux qui n'ont pas peur de porter un regard neuf et parfois décalé sur l'agriculture telle qu'elle existe dans notre imaginaire collectif. Ce n'est pas étonnant et c'est même rassurant que ce souffle nouveau plaise à de plus en plus de personnes. Il accompagne en effet une remise en question décomplexée et libératrice des pratiques agricoles en suivant des principes de générosité et d'abondance.

Et la recherche dans tout ça ?

Pour affronter la complexité des écosystèmes, les agronomes ont plus que jamais besoin des savoirs traditionnels mais aussi du travail des chercheurs, dans une approche pluridisciplinaire qui met en jeu les apports de disciplines aussi variées que l'agronomie, l'écologie, l'économie ou encore l'anthropologie et la sociologie. Il est beaucoup question de quantifier et valoriser tous les avantages à court ou long terme de ces systèmes agricoles qui privilégient les équilibres avec le milieu naturel. Le champ d'investigation doit également s'élargir pour donner corps à de nouvelles pratiques, stimuler l'imagination et essaimer de nouvelles idées semeuses d'espoir. En effet, il est tout aussi important de faire progresser les connaissances, de donner de la rationalité aux démarches empiriques et de faciliter le partage des connaissances pour soutenir les efforts des plus innovants.

L'objectif de combiner le développement agricole avec la protection et la régénération de l'environnement fait de l'agroécologie une question légitime pour inviter à la table du dialogue des personnes très différentes: les agriculteurs, les pêcheurs comme nous l'avons vu précédemment et tous les professionnels connectés au monde agricole et agroalimentaire, les scientifiques, mais aussi des acteurs de mouvements sociaux, les élus, sans oublier les cuisiniers et le grand public. Qu'elle soit portée par l'agroécologie, l'agriculture régénérative, biologique ou par la permaculture, la volonté de repenser l'agriculture et plus généralement la production alimentaire, avec une approche plus systémique et holistique, fait de ces questions un levier sociétal qui reconnecte l'homme avec son environnement avec les autres et donc ... avec lui-même.

Quand les fermes s'invitent en ville

En reconnaissant la nécessité de revoir l'intensification de l'agriculture, nous avons aussi reconsidéré notre rapport à l'alimentation. Dans un monde de plus en plus virtuel et urbain, la nourriture ancre un lien avec la nature dans la routine du quotidien. Alors que la globalisation de l'alimentation a permis d'approvisionner les villes avec une diversité croissante de produits pour une population de plus en plus dense, on voit apparaître des tendances contradictoires. Il y a d'un côté le renforcement du système de distribution qui augmente depuis quelques décennies son contrôle sur toute la filière alimentaire, raflant les marges et pliant le monde de la production à ses exigences, privilégiant les aliments industrialisés, standardisés, aptes à une longue conservation pour faciliter la logistique, clé de voûte du système[35]. De l'autre côté, de plus en plus de consommateurs veulent se reconnecter avec une production alimentaire plus saine et plus locale. Mais à quoi ressemble une alimentation locale pour une métropole de un, cinq ou bien 10 millions de personnes ?

Quoi qu'il en soit, fleurissent des jardins et des fermes qui amènent de la vie, de l'humanité et de la couleur dans les centres urbains et à leur périphérie. En parallèle, il y a un regain d'intérêt pour les légumes, les produits frais, les saveurs et les couleurs authentiques et également pour le respect des saisons, jusque-là occulté par le mirage de l'abondance dans les rayons des supermarchés. Non seulement l'alimentation réinvestit les paysages citadins mais elle quitte les sols pour s'intégrer dans des constructions urbaines. Ainsi le champ de développement de l'agriculture urbaine parcourt des voies très différentes.

Il y a ceux qui vont chercher des espaces à mettre en culture et qui vont transformer en potager des microparcelles ou cultiver la terre, selon des méthodes paysannes ou des principes de la permaculture. Cette agriculture urbaine s'installe dans les espaces vacants et profite parfois de la crise économique et du dépeuplement qui s'ensuit, comme dans le cas de la ville de Détroit, aux États-Unis. Dans ce qui fut un temps la capitale nationale de l'industrie automobile, la situation devint, dans les années quatre-vingt-dix, très difficile pour la population. La production alimentaire est alors apparue comme une des seules activités encore possibles pour subvenir aux besoins vitaux de santé et de revenus des habitants qui n'avaient pas pu partir ailleurs. Peu à peu, là où les autorités locales se sont avérées dans l'incapacité matérielle d'approvisionner correctement les personnes, la société civile s'est organisée de manière capillaire pour apporter une multitude de réponses concrètes qui ont contribué à façonner un jardin à l'échelle de la ville toute entière et un avenir à toute une génération.

Fermes urbaines ou usines agricoles ?

À côté des jardins, naissent aussi, un peu partout dans le monde, des fermes urbaines à l'aspect futuriste, basées sur des systèmes de culture hors-sol qui sont pratiqués dans des bâtiments. Développer des algorithmes de croissance, enregistrer en temps réel tous les besoins en nutriments et en eau des plantes selon leur stade de croissance, développer des systèmes de vaporisation sur les racines et les feuilles pour nourrir les plantes avec des solutions nutritives, chercher le réglage optimum de l'éclairage pour apporter la juste longueur d'onde pour la croissance des légumes en remplaçant le soleil

[35] Source: La ville qui mange – Pour une gouvernance urbaine de notre alimentation, 32 2015, N. Krausz, I. Lacourt et M. Mariani ISBN : 978-2-84377-167-5.

par des LED: voilà ce que nous concoctent des scientifiques alliés à des prodiges du design et de l'informatique.

Des fermes dans des immeubles !

Alors que les citadins connaissent un regain d'intérêt pour le retour à la terre et à la naturalité de l'alimentation, alors que nos réticences s'amenuisent et que nous sommes prêts à envisager l'intérêt d'une sobriété essentielle et heureuse qui nous rapproche, dans le partage et la convivialité, pointe donc à l'horizon le maraîcher de demain qui pourrait bien devenir un ouvrier et cultiver un espace parfaitement rationalisé dans des tours en béton.

Des prototypes voient le jour dans certaines métropoles du monde. D'autres projets resteront tels, mais séduisent par leur apparente modernité et leurs promesses technologiques et écologiques qui semblent adaptées pour résoudre nos problèmes actuels. Élimination de la chimie contre les pathogènes en isolant les plantes dans un milieu protégé et surveillé. Économie d'eau par le recyclage de cette ressource. Éclairage artificiel alimenté par des énergies renouvelables avec des éoliennes ou des panneaux solaires. Températures maintenues constantes, pour des récoltes toute l'année. Suppression des distances entre les lieux de production et les consommateurs, en majorité urbains. Recyclage des eaux usées et des déchets. Certains systèmes assurent une double production pratiquement circulaire avec un élevage de poissons dont les déjections servent à la nutrition minérale des plantes. Et pour un meilleur retour sur investissements, les promoteurs envisagent déjà des bâtiments mixtes, qui hébergeraient à la fois des potagers, des logements et des bureaux. Car la rentabilité de ces structures reste le problème à résoudre et elle n'est pas nécessairement favorable à l'avènement de fermes à dimension humaine.

Questions pour un aquaboniste

L'espoir de cultiver en symbiose avec la nature, soulevé par les pionniers de l'agroécologie avait presque permis de la chasser par la porte. Voilà que notre envie de tout contrôler revient par la fenêtre. Même si nous commençons timidement à reconnaître ce que nous devons à tous les équilibres subtils et complexes qui ont contribué à nourrir la vie depuis la nuit des temps, cette nouvelle démonstration de force assurée par nos capacités technologiques a de quoi séduire, enthousiasmer ou plutôt rassurer notre égo humain.

Reconnaissons-le. À défaut de trouver collectivement le courage nécessaire pour oser questionner nos angoisses, il devient incontournable et urgent de nous interroger sur le choix de faire du progrès technique LA dimension prépondérante pour construire un parcours de développement ou de croissance, en particulier en ce qui concerne la production alimentaire.

Même avec la meilleure volonté du monde pour voir la chose positivement, développer la technologie à des fins de rendement pour produire nos aliments traditionnels n'a pas porté jusqu'ici les fruits espérés. Nous produisons certes suffisamment de nourriture pour nourrir la population mondiale mais une partie ne mange pas à sa faim. Partout nous gaspillons, pour des raisons diverses. Par conséquent, nous perdons le tiers de ce que nous produisons. Notre alimentation s'enrichit en calories mais s'appauvrit d'un point de vue nutritionnel. L'obésité et son cortège de pathologies induites accompagne l'avènement de la nourriture industrielle partout dans le monde. Il suffit de goûter une tomate produite sous serre, hors sol, puis une tomate du jardin, mûrie à point au soleil, pour comprendre que l'intensification des méthodes de production alimentaire est également décevante d'un point de vue gustatif.

Le chaudron magique

Tout cela suffira-t-il pour nous décider de changer notre échelle de valeurs ? Une partie de nous se demande « à quoi bon lutter contre de telles difficultés ? ». Une autre se rigidifie, en estimant qu'il est impossible de revenir en arrière. Un peu de pragmatisme peut servir à faire la part des choses, sans nous contraindre à nier la réalité de la situation telle que nous la connaissons. Après tout, si vraiment nous considérons qu'il est indispensable de cultiver dans des immeubles pour répondre à l'afflux de citadins, continuons à chercher de nouvelles solutions et permettons simultanément à nos amies tomates de vivre leur vie comme elles ont naturellement appris à le faire, ancrées dans un sol bien vivant.

Et surtout, retrouvons la foi en nous-mêmes et apprenons à honorer l'autel sacré des promesses et possibilités encore inexprimées sur tout ce que nous ne savons pas encore. Osons la confiance dans cette source intime qui nourrit la biodiversité de nos idées et intuitions, un peu à l'image du chaudron magique, caché quelque part dans la ferme de Kerlavic, que nous avons fini par découvrir un beau jour.

À LA CROISÉE DES CHEMINS

Telle une page blanche, lÊ'tre explore l espace en lui. Il sait désormais que les réponses ne remplacent pas la quête.

Une manne vert foncé

J'ai voulu célébrer dans cet ouvrage l'activité des micro-organismes et le lien vibrant qu'ils entretiennent avec la planète et tout ce qui l'habite, en assemblant quelques pièces du puzzle. La toute dernière que je placerai pour conclure sur une note positive s'appelle spiruline. Cette cyanobactérie est cousine de celles qui empoisonnent de plus en plus souvent les eaux polluées en libérant des toxines parfois mortelles. Mais la spiruline, elle, ne produit pas de poison, bien au contraire. C'est même une des rares microalgues (elles se comptent sur les doigts d'une main) à avoir trouvé sa place dans la liste officielle des aliments. Son nom vient de la forme très spéciale de ces colonies cellulaires, en spirale.

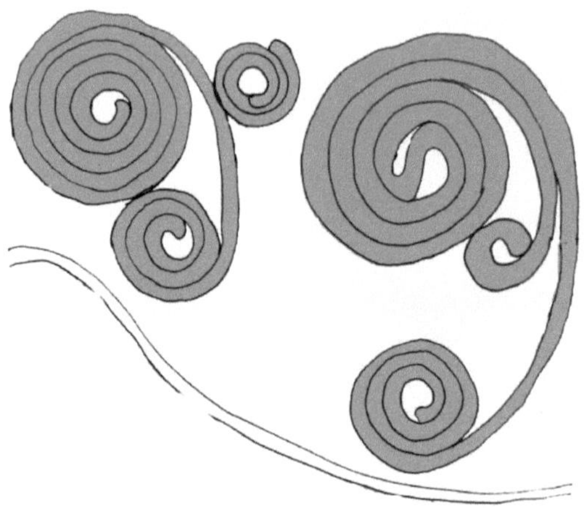

La spiruline, des colonies en forme de spirale, selon une observation de Pierre Mollo

La couleur verte de la spiruline est incontournable, voire envahissante dès qu'il s'agit de la cuisiner. Son âge se compte en milliards d'années. Elle vit en eau douce, m'a-t-on dit au départ, pour signifier qu'elle n'est pas marine. Quelle n'a pas été ma surprise de découvrir que l'eau qu'elle aime est loin d'être douce !

Rescapée d'une époque invivable pour nous, elle se multiplie dans des conditions plutôt drastiques avec une concentration non négligeable de sel mais surtout une eau très alcaline. On la trouve à l'état naturel dans des points d'eau saumâtre, sous des climats assez chauds. Il y a environ 50 ans, la spiruline a été redécouverte par les Occidentaux en Afrique, près du lac Tchad, et au Mexique ; immédiatement, elle a été remarquée pour ses qualités nutritionnelles exceptionnelles. Depuis, nous apprenons à la cultiver de toutes les manières possibles : permaculture, cultures familiales, artisanales ou industrielles, en bassins ouverts, en bioréacteurs fermés de plus ou moins grande taille, en ville et à la campagne. Elle est déjà produite sur les toits de certains immeubles en Asie et il existe le projet de faire des « phytotières » individuelles, sorte de mini-fermenteurs domestiques, pour cultiver la spiruline dans sa cuisine et bénéficier d'une consommation familiale.

Riche en minéraux, vitamines, antioxydants, elle a toutes les caractéristiques d'un superaliment. C'est une source de protéines intéressantes car très digestibles, contenant tous les acides aminés essentiels. Elle apporte aussi des minéraux tels que le fer, le sélénium, l'iode, le magnésium, le calcium, des vitamines A, B, E et des caroténoïdes. Des guérisons assez spectaculaires ont été observées et documentées chez des enfants très dénutris, à qui on a donné à manger de la spiruline en Afrique ou en Inde. Dans les pays occidentaux, l'industrie alimentaire s'en est emparée et la propose à un prix plutôt élevé, non comme un aliment mais comme un intégrateur alimentaire pour améliorer notre santé et nos performances sportives. Pourtant, elle peut perdre beaucoup de ses propriétés selon les techniques de séchage employées. Ceci est rarement explicité sur les boîtes de comprimés. Fraîche, c'est une pâte très dense, sans saveur particulière mais avec une texture onctueuse. Sa durée de vie après récolte est cependant très courte et il est encore difficile voire impossible de la trouver sous cette forme dans le commerce. Sèche, elle conserve une connotation plus médicale qu'alimentaire. Souvent proposée sous forme de poudre ou de paillettes, elle acquiert une saveur et une odeur qui peuvent parfois rebuter mais qui restent malgré tout faciles à masquer.

La spiruline n'est pas très exigeante. De la lumière pour se développer, grâce à la photosynthèse, mais pas trop car elle craint le soleil direct. Une température plutôt chaude, au-dessus de 25 °C. Comme les plantes, elle a besoin de minéraux que l'on peut ajouter à son milieu de culture. De fait, la question de la nutrition minérale de la spiruline est cruciale. Dans son lointain passé, cette microalgue a vécu dans des conditions très toxiques pour nous. Elle ne craint pas les métaux lourds. Ainsi une culture conduite avec des sources minérales polluées va influer négativement sur la qualité de la récolte sans que nous nous en rendions compte. L'utilisation de sources naturelles pour la nutrition minérale est toutefois délicate, c'est pourquoi l'utilisation de fertilisants chimiques est courante car elle simplifie la production, évitant en particulier les contaminations de la culture. Le consommateur doit donc rester particulièrement attentif et s'intéresser de près à la manière dont la spiruline est produite, en demandant par exemple si les producteurs adhèrent à une charte d'éthique et de qualité sur les modalités de culture, de récolte, de séchage ainsi que la fréquence des contrôles sur la qualité de leur récolte. Cela est plus facile dans une filière courte sans intermédiaires et lorsqu'elle est vendue à l'état pur.

La seule mention de son appartenance au groupe des planctons peut susciter de la suspicion, voire un léger dégoût, car elle ne ressemble pas aux aliments que nous avons l'habitude de manger. Quand on parle de microalgue, ça passe un peu mieux. Fort heureusement les cuisiniers ont commencé à s'en emparer pour l'intégrer dans leurs menus, ce qui est la meilleure manière de nous permettre de l'apprivoiser.

Une note d'espoir

La spiruline me fascine car elle abolit le temps de façon magistrale. Aujourd'hui nous la redécouvrons à peine et nous la considérons comme une nouveauté absolue, mais des civilisations humaines l'ont déjà consommée ou la consomment depuis des temps anciens et elle est pratiquement là depuis le début de la vie sur terre.

Elle ne pouvait pas refaire surface à un meilleur moment pour l'humanité. En effet, elle remplit aisément toutes les caractéristiques d'une alimentation durable, en particulier grâce à son rendement protéique exceptionnel si l'on considère la consommation en eau et en énergie qui sont nécessaires à sa production. À l'état naturel et fraîchement récoltée elle est bien plus intéressante d'un point de vue nutritionnel que nombre d'aliments fonctionnels qui nous sont proposés. Elle se place aux antipodes d'une approche quantitative car il faut en manger très peu, quelques grammes par jour, pour profiter de ses bienfaits. Par ailleurs, elle est parfaitement adaptée à une production hors sol. La technologie est certes utile mais elle n'est pas indispensable pour la produire. Il est possible de la faire pousser quelle que soit la diversité des territoires et notamment, qu'ils soient urbains ou ruraux. Pratiquement inconnue partout, elle n'appartient à aucune culture et constitue un patrimoine nutritionnel universel et accessible à toute civilisation.

Maintenant que nous avons pris conscience de tant de défis à notre survie sur Terre, soyons donc vigilants pour ne pas laisser confisquer cette possibilité inespérée de rebattre les cartes avantageusement dans la partie que nous avons engagée pour l'autosuffisance alimentaire de la planète et de ses habitants.

GRATITUDE

Est-ce parce que je poussais sans cesse ma curiosité hors des voies tracées par mes supérieurs, que le chef du laboratoire m'a comparée à la chèvre de Monsieur Seguin quand il a pris la parole le jour de ma thèse pour dresser mon portrait ? C'était bien deviné de sa part, car j'ai toujours aimé ce personnage. Alors que son maître veut absolument la préserver du loup, Blanchette, choyée et enfermée n'a pourtant qu'une envie, s'échapper pour goûter la liberté. Mon passage préféré est celui où elle va dans la montagne, manger les herbes parfumées qu'elle ne trouve pas dans son enclos. J'aime sa joyeuse rébellion et sa recherche continue et légitime de ce qui est beau et bon, car elle résonne à l'unisson de la Vie et de ses propositions infinies de formes.

Il y a longtemps que j'ai choisi de mettre mes pas dans ceux de la petite chèvre. À travers le cheminement d'une progressive prise de conscience et au gré des rencontres et des curiosités, ils m'ont conduit à considérer avec gratitude et respect l'oeuvre immense et silencieuse des micro-organismes, qui portent à bout de bras et sans défaillir le projet de vie sur notre Terre depuis des milliards d'années. Au terme de ce récit, rêveuse, je contemple la nature qui s'est développée et continue à croître sur leurs épaules. Elle est prodigieuse d'abondance, d'harmonie et d'équilibre.

GLOSSAIRE

ADN: acide désoxyribonucléique. L'ADN est une molécule très longue, ayant la forme d'une double hélice formée de deux brins complémentaires. Chez les procaryotes elle baigne dans la cellule. Dans les cellules eucaryotes en revanche, l'ADN est enroulé et compacté sous forme de chromosomes dans les noyaux. C'est le support de l'information génétique des êtres vivants. L'ADN est formé par la succession de nucléotides différents dont il existe 4 types: adénine, cytidine, guanosine et thymidine, respectivement ACGT. L'ordre de succession de ces quatre nucléotides est unique et propre à chaque organisme. Il constitue un code qui va grandement déterminer le fonctionnement spécifique de tous les individus.

Archées: ces procaryotes ont longtemps été considérés comme des bactéries ancestrales, ce qui n'a pas été confirmé par des études plus approfondies. Elles ressemblent à des bactéries mais l'analyse de leur information génétique indique que ces formes de vie sont bien distinctes. Elles mesurent entre 0,1 et 15 microns et elles vivent dans presque tous les milieux : avec ou sans oxygène, à forte salinité, très chauds ou à grande profondeur.

Bactéries: ce sont des micro-organismes d'une extraordinaire diversité. Leur taille ne dépasse pas 2 microns, et elles ont des formes très diverses, sphériques, allongées, en bâtonnets, ou encore plus ou moins spiralées. Elles forment parfois des colonies. Elles sont présentes partout sur Terre : dans le sol, les eaux douces, marines ou saumâtres, l'air, les profondeurs océaniques, la peau et l'intestin des animaux etc.

Biomasse: c'est la quantité totale d'êtres vivants, végétaux, animaux, micro-organismes... dans un milieu naturel quel qu'il soit, terrestre ou aquatique. Elle est toujours composée de carbone et aujourd'hui on s'intéresse beaucoup à elle pour la production d'énergie.

Biorémédiation: il s'agit d'une décontamination effectuée avec des mécanismes biologiques. On fait intervenir le plus souvent des micro-organismes, des plantes, qui vont dégrader ou fixer les substances polluantes. Ces techniques sont de plus en plus utilisées pour des pollutions qui touchent les sols et les nappes phréatiques. Dans certains cas, on stimule simplement les micro-organismes naturellement présents, mais on peut aussi faire des plantations ou des apports spécifiques de micro-organismes extérieurs.

Chloroplastes: petites structures ayant la forme d'un disque aplati, de 2 à 10 microns de diamètre pour une épaisseur d'environ 15 microns. Ils sont présents dans le cytoplasme des cellules eucaryotes végétales (plantes, algues). Ils sont pourvus de leur propre information génétique. Ce sont eux qui vont permettre à la cellule de réaliser la photosynthèse, car ils possèdent les pigments qui vont réagir à la lumière ainsi que toute la machinerie métabolique pour transformer l'énergie lumineuse en énergie chimique qui conduira à la fabrication de sucre par les végétaux.

Coccolithes: ce sont des algues unicellulaires marines qui vivent principalement dans les régions froides comme le Canada et l'Atlantique nord. Leur taille est comprise entre 5 et 50 microns. Elles comptent plusieurs centaines d'espèces répertoriées. Elles se caractérisent par leur squelette externe, calcaire. Cette sorte de « coquille », appelée coccosphère, est composée de facettes calcaires : les coccolithes. (Source Plancton du monde, module de formation plancton, http://www.plancton-du-monde.org/module-formation/coccolithes.html)

Croûte terrestre : c'est la couche la plus superficielle de la Terre. On la retrouve sous le sol et sous les océans. Dans ce dernier cas, on parle de plancher océanique. Rigide, elle est composée de roches et elle a une épaisseur variable de quelques kilomètres à quelques dizaines de kilomètres, jusqu'à 70 km sous les massifs montagneux.

Cyanobactéries: elles font partie des bactéries capables de réaliser la photosynthèse avec des mécanismes identiques à ceux des plantes. Elles ont d'ailleurs longtemps été classées parmi les algues.

Écosystème : il est formé par l'ensemble de tous les êtres vivants et les relations avec le milieu dans lequel ils vivent, lui-même caractérisé par des paramètres géographiques, climatiques, biologiques, géologiques, hydrologique, etc., ainsi que les situations d'équilibres qui vont pouvoir s'installer, en particulier dans les milieux naturels.

Enzymes : ce sont des protéines qui ont la capacité d'accélérer la vitesse d'une réaction chimique, parfois des millions de fois plus vite qu'en leur absence, en diminuant la quantité d'énergie nécessaire à sa mise en œuvre. La réaction chimique implique la transformation d'un substrat initial en produit final. Les enzymes jouent le rôle de facilitateurs sans être modifiées et sans changer les équilibres chimiques de la réaction. Elles agissent de manière sélective, à certaines températures.

Eucaryotes (voir procaryotes)

Hydrocarbure: composé organique constitué exclusivement d'atomes de carbone et d'hydrogène. Ce mot, dans un sens général, fait référence au pétrole et au gaz naturel, mais il existe de très nombreuses variantes de ces composés qui constituent des ressources énergétiques fossiles, non renouvelables.

Mitochondries: petites structures d'un diamètre compris entre 0,75 et 3 microns ; elles se comptent par centaines ou par milliers dans la plupart des cellules eucaryotes. Elles sont pourvues de leur propre information génétique on les décrit souvent comme les centrales énergétiques des cellules car elles vont produire un carburant métabolique, sous forme d'une molécule qui sera directement impliquée dans la plupart des réactions chimiques du métabolisme et notamment dans celles qui vont conduire à la production des constituants pour la croissance et le renouvellement cellulaire.

Mycélium : il est formé d'un ensemble de filaments, plus ou moins ramifiés, que l'on trouve dans le sol. Il est formé de cellules allongées et cloisonnées. Il est encore appelé blanc de champignon.

Nématodes : ce sont de minuscules vers ronds, qui vivent dans le sol et l'eau. Dans le sol, ils sont très actifs dans la décomposition de la matière organique. Ce sont aussi des parasites pouvant causer des dégâts directement ou indirectement en transmettant des maladies.

Oidodendron: il fait partie des champignons nommés éricoïdes qui établissent des symbioses avec les bruyères. Ensemble, ils se sont adaptés pour vivre dans des milieux acides, pauvres en azote et mal drainés comme les forêts boréales, les landes et la toundra. Le mycélium de l'Oidodendron pénètre à l'intérieur des cellules. Il va se nourrir des sucres produits par la plante. En échange, il va favoriser l'absorption des minéraux par cette dernière. L'intérêt de ces champignons est leur capacité à séquestrer des ions métalliques qui sont toxiques pour la plante. C'est le cas par exemple des métaux lourds. Ainsi, des zones fortement polluées peuvent être re-végétalisées malgré des conditions de vie très difficiles pour les plantes ce qui permet peu à peu d'améliorer les conditions des sols en évitant l'érosion.

Perturbateur endocrinien: « une substance exogène ou un mélange qui altère la/les fonction(s) du système endocrinien et, par voie de conséquence, cause un effet délétère sur la santé d'un individu, sa descendance ou des sous-populations ». Définition établie par l'Organisation Mondiale de la Santé (O.M.S.) en 2002.

Phylogénétique : relève de la classification des êtres vivants avec l'objectif de rendre compte des degrés de parenté entre les espèces. Plus que sur les ressemblances, la classification phylogénétique se fonde sur les liens de parenté entre les espèces.

Photosynthèse: réaction métabolique par laquelle les végétaux possédant de la chlorophylle (pigment de couleur verte) sont capables d'utiliser l'énergie solaire pour fabriquer des glucides (sucres) à partir de gaz carbonique ou dioxyde de carbone (CO_2) et d'eau (H_2O). Le pigment, photosensible, est activé par la lumière. Il va transmettre cette énergie à des molécules intermédiaires appelées coenzymes. Ces dernières vont ensuite permettre la dissociation de l'eau en atomes d'hydrogène et en oxygène. L'hydrogène, ainsi réactif, va se lier au dioxyde de carbone. L'oxygène sera finalement relâché.

Phytophthora: ces pathogènes majeurs des plantes ont un nom évocateur : du grec phyton (plante) et phthora (destruction). Décrits pour la première fois en 1875, ils ont longtemps été classés parmi les champignons, sur la base de leur ressemblance morphologique, car ils forment du mycélium. Ils sont aujourd'hui rattachés à un autre groupe (straménopiles). Ils vivent dans le sol et sont particulièrement virulents en cas de conditions humides, attaquant les racines et les semis, causant parfois des dépérissements foudroyants des plantes. Plus de 90 espèces ont été dénombrées à ce jour, attaquant de très nombreuses plantes herbacées ou ligneuses (arbres ou arbustes).

Procaryotes et eucaryotes : ces deux principaux groupes divisent les êtres vivants sur la base d'un critère: la présence ou non d'un noyau dans la cellule. Les procaryotes sont tous des micro-organismes, généralement formés d'une seule cellule dépourvue de noyau. Ils regroupent les bactéries et les archées. Les eucaryotes regroupent tous les êtres vivants qui ne sont pas des procaryotes, végétaux, animaux, champignons. Ils peuvent être formés d'une ou de plusieurs cellules (unicellulaires ou pluricellulaires) ayant toutes un noyau contenant le même matériel génétique.

REMERCIEMENTS

Ce livre n'aurait pas vu le jour si je n'avais pas organisé la rencontre de Pierre Mollo et Pierre Rabhi un beau jour de février 2016.

Et cette rencontre n'aurait pas eu lieu sans la mémorable intervention de Pierre Rabhi à Rome, l'année précédente. Entendre parler de spiritualité au beau milieu d'une conférence scientifique fut une grande révélation. Merci Pierre d'avoir montré si simplement, ce jour-là, que la lucidité est bien du côté de ceux qui célèbrent humblement la nature. Ton discours m'a inspiré.

Il doit beaucoup à Juliette Anne dont le beau métier est d'aider les écrivains à mettre au monde leurs livres. À petites touches toujours justes, son enthousiasme efficace et sa vision lumineuse m'ont permis de canaliser au mieux mon inspiration pour arriver au bout du projet.

Ma reconnaissance va aussi à Anne Blondel pour avoir prêté sa plume et son talent aux illustrations qui émaillent le récit. Tour à tour précise et poétique, elle a su traduire avec cœur et élégance les mots que j'avais écrits.

Plusieurs personnes ont participé à la relecture du manuscrit et à la diffusion de la première édition. Merci à Maurice Romieu, pour l'écrémage patient des erreurs et imprécisions, à Pierre Mollo, Michelle Marquès, Aleksandar Stojanovitch, Milanka Vorkapić, Pierre Vuarin, Jean-Marc Louvin, Ariane Morin, Jean Baud, Enrica Pession et Joëlle Perrier-Gustin. Vous m'avez toutes et tous aidée avec vos remarques encourageantes et constructives.

Merci à ma famille, à mes filles Héloïse et Claire Marie toujours prêtes à rentrer dans mes histoires pour venir jouer avec moi et à Maurizio qui m'a poussé, souvent à mon corps défendant, à aller toujours plus loin à la recherche de moi-même depuis que nous nous connaissons.

Table des matières

I **want** morebooks!

Buy your books fast and straightforward online - at one of world's fastest growing online book stores! Environmentally sound due to Print-on-Demand technologies.

Buy your books online at
www.morebooks.shop

Achetez vos livres en ligne, vite et bien, sur l'une des librairies en ligne les plus performantes au monde!
En protégeant nos ressources et notre environnement grâce à l'impression à la demande.

La librairie en ligne pour acheter plus vite
www.morebooks.shop

info@omniscriptum.com
www.omniscriptum.com

Printed by Books on Demand GmbH, Norderstedt / Germany